FORSCHUNGSBERICHTE DES LANDES NORDRHEIN-WESTFALEN
Nr. 2346

Herausgegeben im Auftrage des Ministerpräsidenten Heinz Kühn
vom Minister für Wissenschaft und Forschung Johannes Rau

Prof. Dr.-Ing. Dres. h.c. Herwart Opitz
Dr.-Ing. Klaus Beckenbauer

Laboratorium für Werkzeugmaschinen und Betriebslehre
der Rhein.-Westf. Techn. Hochschule Aachen

Untersuchungen zur Verbesserung des Ratterverhaltens von Werkzeugmaschinen

Westdeutscher Verlag Opladen 1973

ISBN-13: 978-3-531-02346-5   e-ISBN-13: 978-3-322-88317-9
DOI: 10.1007/978-3-322-88317-9

© 1973 by Westdeutscher Verlag, Opladen

Gesamtherstellung: Westdeutscher Verlag

Inhalt

1. Einleitung ... 5
2. Verringerung der Ratterneigung durch den Einsatz von Dämpfern ... 5
   2.1 Einsatz Passiver Dämpfer ... 6
   2.2 Einsatz Aktiver Dämpfer ... 9
3. Prinzip des Aktiven Dämpfers ... 9
   3.1 Theoretische Grundlagen ... 9
   3.2 Dynamisches Verhalten des Geschwindigkeitsaufnehmers und des Wechselkrafterregers ... 11
   3.3 Abschätzung der erforderlichen Erregerkraft zur Dämpfung auftretender Schwingungen an Werkzeugmaschinen ... 12
4. Auslegung und Entwicklung eines Absoluterregers zur Erzeugung der Dämpfungskraft ... 14
   4.1 Allgemeine Betrachtungen ... 14
   4.2 Prinzip und Wirkungsweise des Absoluterregers ... 14
   4.3 Aufbau des Absoluterregers ... 15
   4.4 Ansteuerung des Servoventils ... 17
   4.5 Mittellagerregelung des Erregers ... 17
   4.6 Frequenzgang des Absoluterregers ... 18
5. Frequenzgangkompensation des Absoluterregers ... 19
   5.1 Invertierung der nachgebildeten Frequenzganggleichung ... 20
   5.2 Mehrfachinvertierung ... 22
   5.3 Kompensierter Frequenzgang ... 23
6. Messung der Schwinggeschwindigkeit der zu dämpfenden Maschinenelemente ... 23
7. Stabilitätsuntersuchung des Regelkreises Maschine - Aktiver Dämpfer ... 24
   7.1 Stabilitätsbetrachtungen ... 24
   7.2 Selbstoptimierung des Aktiven Dämpfers ... 25
   7.2.1 Prinzip der Phasen-Regelung ... 25
   7.3 Die Amplitudenminimum-Regelung ... 26
   7.4 Selbstoptimierung durch Synchronisation bei vorgegebener Phase ... 27
   7.5 Folgerungen ... 27
8. Einsatz des Aktiven Dämpfers an spanenden Werkzeugmaschinen ... 28
   8.1 Vertikalfräsmaschine ... 28
   8.2 Einständer-Karussell-Drehmaschinen ... 29
9. Zusammenfassung ... 30
11. Verwendete Kurzzeichen ... 32
12. Literaturverzeichnis ... 35
13. Abbildungen ... 37

1. Einleitung

Mit dem Auftreten von Schwingungen an spanenden Werkzeugmaschinen wird insbesondere die erreichbare Zerspanleistung und die Werkstückqualität erheblich beeinträchtigt. Das wirft vor allem für den Einsatz von Maschinen in der Produktion erhebliche betriebsorganisatorische Probleme auf. Im Rahmen der ständig steigenden Anforderungen an die Leistungsfähigkeit und Genauigkeit der Werkzeugmaschinen ist es daher erforderlich, das dynamische Verhalten der Maschinen zu verbessern.

Die Anregung der Schwingungen hat entweder ihren Ursprung in der Fremderregung oder in der Selbsterregung, dem sog. regenerativen Rattern, wobei alle Elemente der Maschine mehr oder weniger zu Schwingungen angeregt werden. Bei der Fremderregung handelt es sich um erzwungene Schwingungen, während bei der Selbsterregung im allgemeinen ein Bauteil der Maschine zu Schwingungen mit seiner Eigenfrequenz angeregt wird.

Die Beseitigung der Schwingungsanregung bereitet stets große Schwierigkeiten. Die Anregung durch fremderregte Schwingungen von außen läßt sich teilweise durch die sog. Aktiv- und Passiv-Isolierung beheben. Handelt es sich dagegen um Schwingungen, die ihren Ursprung z.B. in Unwuchten, Lagerfehlern, Zahneingriffen oder wechselnden Schnittkräften haben, ist eine Ausschaltung der Erregerquelle nur z.T. durch Auswechseln der Elemente durchführbar. Auch auf eine nachträgliche Versteifung des Systems, die bei entsprechender Auslegung eine Verbesserung des dynamischen Verhaltens bewirkt, muß in den meisten Fällen wegen des hohen konstruktiven und finanziellen Aufwandes verzichtet werden.

2. Verringerung der Ratterneigung durch den Einsatz von Dämpfern

Ist eine Abhilfe bei fremderregten Schwingungen in der Regel relativ einfach durchzuführen, so stößt dies bei selbsterregten Schwingungen im allgemeinen auf erhebliche Schwierigkeiten. Die zu treffenden Abhilfemaßnahmen erfordern daher auch, wie die Erfahrung zeigt, meist einen wesentlich höheren Aufwand.

Wie aus der Literatur [2,3,4,5,6,8,18,23,24] hervorgeht, muß die Anwendung von Zusatzsystemen, die eine Erhöhung der Dämpfung zur Folge haben, als besonders wirksame Maßnahme zur Verringerung der Ratterneigung betrachtet werden. Deshalb wurde in der Vergangenheit eine Vielzahl von Bausteinen zur Vergrößerung der in schwingungsfähigen Maschinensystemen vorhandenen Systemdämpfung entwickelt.

Die Systemdämpfung, die durch das Dämpfungsmaß D bestimmt ist, setzt sich dabei aus der Materialdämpfung, die in der Größenordnung von

$D = 10^{-4} - 10^{-3}$ liegt, und einer Dämpfung, die durch Reibungseinflüsse oder viskoser Dämpfung infolge von Relativbewegungen in Verbindungsstellen, Führungen usw. hervorgerufen wird, zusammen. Dieser zweite Anteil liegt z.B. bei Werkzeugmaschinen in der Größenordnung von $D = 10^{-3} - 5 \cdot 10^{-2}$. Einen idealen Dämpfungswert stellt $D = 0,5$ dar, da für diesen Wert die dynamische Auslenkung in der Eigenfrequenz der statischen entspricht.

Konstruktiv werden diese hohen Dämpfungswerte normalerweise in Werkzeugmaschinen nicht erreicht. Deshalb bedient man sich zusätzlicher Bauelemente wie energieverzehrende Dämpfer, um eine Verbesserung der Maschine im Hinblick auf die Stabilität des Zerspanungsprozesses anzustreben. Zur Erhöhung der Dämpfung sind grundsätzlich zwei Dämpfungsarten, die Passiv-Dämpfung und die Aktiv-Dämpfung, bekannt. Bei der Passiv-Dämpfung findet eine Energieumwandlung statt, wobei die Schwingenergie normalerweise in Wärmeenergie umgesetzt wird. Dabei hängt die Energieumsetzung in erster Linie von den zur Dämpfung eingesetzten Materialien der Fügeverbindungen oder auch der Größe der Zusatzmassen ab. Kennzeichnend für die Passiv-Dämpfung ist, daß keine Zufuhr von Fremdenergie stattfindet.

Wird dagegen in ein System zur Dämpfung eine Fremdenergie eingeleitet, so kann von einer Aktiv-Dämpfung gesprochen werden.

2.1 Einsatz Passiver Dämpfer

Passive Dämpfer sind in der Vergangenheit relativ häufig mit Erfolg an Werkzeugmaschinen zur Vermeidung von unzulässigen Schwingamplituden eingesetzt worden. Deshalb soll auf die bekanntesten und wirkungsvollsten Systeme im folgenden kurz eingegangen werden. Aus der Literatur sind die verschiedensten Dämpfungsmöglichkeiten wie z.B. Scheuerleisten oder das Belassen von Kernsand in Gußteilen bekannt. Eine breitere Anwendung finden die in Abb. 1 aufgezeigten Möglichkeiten der Vergrößerung der Dämpfung durch

- Öldämpfer,
- Lanchester Dämpfer,
- gedämpfte Hilfsmassen,
- Schlagschwingungsdämpfer,
- Dämpfer mit variablen Kenngrößen.

Die Öldämpfer arbeiten grundsätzlich nach zwei Prinzipien:

1. Verdrängung eines Ölfilms zwischen zwei parallelen Flächen, die sich senkrecht zueinander bewegen (Squeeze-Film) [16,29],

2. Verdrängung eines Ölvolumens über eine Blende oder eine Drossel.

Nach dem letzten Prinzip sind vorwiegend die aus dem Kraftfahrzeugwesen bekannten Stoßdämpfer aufgebaut. Bei großen Schwingamplituden zeigen sie ein gutes Dämpfungsverhalten. An Werkzeugmaschinen, bei denen die auftretenden Schwingamplituden in der Größenordnung von $10^{-1} - 10^{-3}$ mm liegen, finden die nach dem ersten Prinzip arbeitenden Dämpfer häufiger Verwendung.

Von diesem Squeeze-Film-Prinzip ausgehend wurde eine sogenannte Dämpfungsbüchse [16,29] entwickelt, deren Wirkung am Beispiel von nachgiebigen Drehbankspindeln gezeigt wird (Abb. 1a). Auf der Spindel ist an der Stelle mit der größten Schwingamplitude eine verschiebbare kegelige Büchse aufgesetzt. Die eigentliche Dämpfungsbüchse ist starr mit einer Zwischenwand im Spindelkasten verbunden und hat eine entsprechende kegelige Bohrung. Durch Verschieben der Büchse auf der Spindel läßt sich eine einfache Variation des Ringspaltes erreichen. Wird durch eine externe Ölzufuhr der Spalt drucklos mit Öl gefüllt, so wird beim Schwingen der Spindel durch das Verdrängen des Ölfilms im Spalt die Schwingenergie durch die viskose Reibung in Wärmeenergie umgewandelt. Da jedoch eine nachträgliche Anbringung dieser Dämpfer aus Platzgründen nahezu unmöglich ist, scheidet diese Dämpfungsmöglichkeit bei ausgeführten Spindelsystemen in der Regel aus.

Bei dem sogenannten Lanchester-Dämpfer handelt es sich um eine Zusatzmasse, die über viskose oder trockene Reibung an das schwingende Maschinenelement gekoppelt ist (Abb. 5c). Die beim Schwingen des Hauptsystems entstehende Trägheitskraft der Zusatzmasse wirkt über die Kopplung als Dämpfungskraft auf das Maschinenelement.

Dieser Dämpfertyp wird häufig an Bohrstangen und Getrieben [19] eingesetzt.

Einen größeren Anwendungsbereich als die beiden bisher beschriebenen Dämpfertypen haben im Werkzeugmaschinenbau die feder- und dämpfungsgekoppelten Systeme gefunden. Diese Dämpfer sind auch unter dem Begriff "gedämpfte Hilfsmassensysteme" bekannt. Hierbei ist die Zusatz- oder Hilfsmasse über eine Feder und einen Dämpfer mit der schwingenden Maschinenmasse gekoppelt (Abb. 1b). Das dynamische Verhalten dieses Gesamtsystems ergibt sich durch die gegenseitige Beeinflussung beider Teilsysteme. Es kann gezeigt werden [19,21,22,28], daß die günstigste Wirkung bei einer optimalen Abstimmung und optimalen Dämpfung erreicht wird. Dabei beinhaltet die optimale Abstimmung, daß durch die Größe der Zusatzmasse die Höhe der erzielbaren Dämpfung beeinflußt werden kann.

Die interessantesten praktischen Ausführungen dieses Dämpfertyps finden wir im Werkzeugmaschinenbau an Maschinenständern, Fräsmaschinentischen, Schleifmaschinen, Drehbankspindeln, Bohrstangen u.a.m. In der Praxis läßt sich die Kopplung von Haupt- und Zusatzmasse mit Hilfe hochpolymerer Kautschuke und Kunststoffe besonders einfach gestalten, da diese Werkstoffe sowohl über gute Feder- wie auch Dämpfungseigenschaften verfügen. So kann z.B. ohne großen technischen Aufwand an ein Spannfutter einer Drehbankspindel eine Hilfsmasse gekoppelt und damit die Ratterneigung stark verringert werden [28].

Nachteilig wirkt sich aber bei den Hilfsmassensystemen die Abstimmung auf eine bestimmte Frequenz aus. Auch bereitet es heute noch immer beträchtliche Schwierigkeiten, besonders mit den hochpolymeren Kopplungselementen eine optimale Dämpfung zu erzielen.

Als weiterer Energieverzehrer soll der Schlagschwingungs- oder Impact-Dämpfer aufgeführt werden (Abb. 1d). Zweckmäßigerweise findet er Anwendung zur Vermeidung des sogenannten Meißelpfeifens [19,25,27].

Bei den bisherigen Systemen zeigte es sich mit Ausnahme der Squeez-Film-Dämpfer, daß das Dämpfungsvermögen zum einen durch die Größe der Zusatzmasse und zum anderen durch die Federsteifigkeit oder Dämpfung der verschiedenen Dämpfungsmedien begrenzt ist. Treten noch zusätzlich während der Bearbeitung Massenverschiebungen auf, so verlieren nahezu alle beschriebenen Dämpfer wegen ihrer Abstimmung auf eine bestimmte Frequenz teilweise ihre Wirkung. Um dieser Auswirkung zu begegnen, wurden daher gedämpfte Hilfsmassensysteme entwickelt [13,26], bei denen durch eine variable Gestaltung der Federsteifigkeit oder der Dämpfung das Zusatzsystem auf die veränderlichen Eigenfrequenzen des Hauptsystems abgestimmt werden können. Theoretische Untersuchungen [26] führten z.B. zu einem selbstabstimmbaren Hilfsmassendämpfer für langauskragende Maschinenelemente, wie Bohrstangen oder Frässpindeln.

Bei diesem System ist eine ringförmige Zusatzmasse über Gummielemente mit dem auskragenden Ende einer Frässpindel gekoppelt. Bei einer Schwingungsanregung wird die Phasenschiebung zwischen der Bewegung der Spindel und der Zusatzmasse gemessen und konstant gehalten (Abb. 1e). Verschiebt sich z.B. bei eingefahrener Spindel ihre Eigenfrequenz, so muß das Hilfsmassensystem erneut abgestimmt werden. Dazu wird die Vorspannung der Gummielemente motorisch soweit variiert, bis aufgrund der sich ändernden Federeigenschaften die optimale Abstimmung wieder erreicht ist. Es zeigte sich, daß die optimale Abstimmung des Gesamtsystems in einem Frequenzbereich von f = 100 - 300 Hz variiert werden konnte. Gegenüber dem Ausgangszustand der Fräsmaschine verbesserte sich die erreichbare Grenzspanbreite etwa um den Faktor 2,5.

Darüber hinaus besitzt dieses rotationssymmetrische System in der Ebene senkrecht zur Spindelachse wie die Spindel selbst unendlich viele Freiheitsgrade.

Eine weitere Möglichkeit zur Veränderung der Systemkennwerte bei passiven Dämpfersystemen stellt die in Abb. 1f aufgeführte Anordnung dar [13]. Im Gegensatz zu dem oben beschriebenen System wird hierbei nicht die Federsteifigkeit, sondern die Wirkung der Masse des Zusatzsystems verändert, wobei die Gesamtmasse des Zusatzsystems konstant bleibt. Die Wirkungsweise dieses Dämpfertyps läßt sich an Hand eines Modelles leicht erläutern. Auf einem Einmassenschwinger ist senkrecht zur Hauptschwingungsrichtung ein Pendel angeordnet, wie Abb. 1f zeigt. Das Pendel stützt sich über zwei Ausleger gegen den Einmassenschwinger ab. An den Stützstellen sind die Ausleger über Feder- und Dämpfungselemente mit dem Hauptsystem gekoppelt. Bei periodischen Verlagerungen wird die aufgrund der Trägheit des Pendels erzeugte Reaktionskraft über die Stützelemente als Dämpfungskraft in das Hauptsystem eingeleitet. Da die Zusatzmasse auf der Pendelstange verschiebbar ist, läßt sich durch die Variation des Trägheitsmomentes die Wirkung des Dämpfers optimieren, so daß auch bei konstanten Feder- und Dämpfungswerten der Stützelemente sich die Eigenfrequenz des Zusatzsystems verschieben läßt. Ein praktischer Anwendungsfall dieses Systems ist jedoch bisher nicht bekannt geworden.
Die beiden zuletzt beschriebenen Dämpferbeispiele stellen jeweils ein gedämpftes Hilfsmassensystem dar, bei dem über einen veränderlichen Systemkennwert eine optimale Abstimmung zwischen Schwingungs- und Zusatz-

system in einem bestimmten Frequenzbereich erzielt werden kann. Dadurch wird die Dämpfungswirkung gegenüber den Systemen mit konstanten Kennwerten auf einen größeren Frequenzbereich ausgedehnt, wobei der Dämpfer sich den verändernden Maschinenbedingungen anpassen kann. Es ist jedoch zu beachten, daß die Zeit zur optimalen Abstimmung für viele Anwendungsfälle zu lang sein kann.

2.2 Einsatz Aktiver Dämpfer

Darüber hinaus war man bestrebt, weitere geeignete Methoden zu finden, durch die die Dämpfung von Maschinenbauteilen in einem technisch interessanten Frequenzbereich stark vergrößert werden kann. So wurde eine Reihe von Systemen entwickelt [1,6,8], die nach dem Prinzip der Aktiv-Dämpfung arbeiten. Ein erfolgreicher Einsatz derartiger Systeme ist jedoch bis heute noch nicht bekannt geworden, da die Entwicklung aller Aktiven Dämpfer an dem Problem der Stabilität des gekoppelten Systems: Maschine-Dämpfer scheiterte. Da jedoch die eigentliche Wirkung des Dämpfers auf dem Prinzip der Rückführung einer geschwindigkeitsbezogenen Kraft beruht, ist die Stabilität des Kreises von entscheidender Bedeutung.

Die Beherrschung dieses Problems war deshalb eine der Hauptaufgaben dieser Forschungsarbeit. Darüber hinaus stellt sich die Aufgabe, einen Aktiven Dämpfer für den praktischen Einsatz zu entwickeln, der unabhängig von einer Bezugsbasis an verfahrbaren Maschinenelementen, wie z.B. an Maschinentischen, Querbalken, Werkzeugstößeln oder an nachgiebigen Werkstücken eingesetzt werden kann [5].

Bei den reinen Aktiven Dämpfern erfolgt die Erzeugung der Dämpfungskraft mit Hilfe einer externen Erregereinheit. Dabei bildet der Dämpfer mit dem dynamisch nachgiebigem Maschinenelement über eine Rückführung einen geschlossenen Kreis. Die Rückführung wird durch einen Schwingungsaufnehmer und einer Erregereinheit gebildet. Die Phasenlage der Erregerkraft zum Schwingweg der Maschine wird mit Hilfe einer Steuereinheit so geregelt, daß sich ein Minimum der Schwingamplituden einstellt.

3. Prinzip des Aktiven Dämpfers

3.1 Theoretische Grundlagen

Die Wirkungsweise des Aktiven Dämpfers ist dem vereinfachten Blockschaltbild (2) zu entnehmen. Dabei wird das schwingende Maschinenbauteil zunächst auf einen Einmassenschwinger reduziert.

Diese Vereinfachung ist in den Fällen zulässig, wo eine eindeutige, starke Resonanzüberhöhung vorliegt und Nachbarschwingungen bei wesentlich niedrigeren oder höheren Frequenzen auftreten.

Die Schwinggeschwindigkeit der zu dämpfenden Maschine wird mit Hilfe eines Geschwindigkeitsaufnehmers gemessen. Mit dem Geschwindigkeitssignal wird ein Wechselkrafterreger angesteuert, der - soweit er verzögerungsfrei arbeitet - dann eine geschwindigkeitsbezogene Kraft erzeugt, die wiederum auf das System zurückgeführt wird. Diese Kraft wirkt sich als zusätzliche Dämpfung aus, wie im folgenden gezeigt werden soll.

Aus dem Blockschaltbild kann der Frequenzgang der Maschine mit Dämpfern hergeleitet werden. Dabei ist der Frequenzgang, der den funktionalen Zusammenhang zwischen Ein- und Ausgangssignalen eines Übertragungssystems beschreibt, als Quotient aus dem Ausgangssignal und dem Eingangssignal definiert [36]. Diese Beziehung gilt ganz allgemein und ist auch auf den Regelkreis in Abb. 2 anwendbar, wobei sich die Frequenzganggleichung F_s^* (1) des Gesamtsystems zu

$$F_s^* = \frac{X}{K_s} = \frac{F_s}{1 + F_s \cdot F_A \cdot F_E} = \frac{1}{\frac{1}{F_S} - F_A \cdot F_E} \quad (1)$$

formulieren läßt. Darin stellt das Produkt aus dem Aufnehmerfrequenzgang F_A und dem Erregerfrequenzgang F_E das Übertragungsverhalten der Rückkopplung dar, wie aus Abb. 3 zu ersehen ist.

Der Gesamtfrequenzgang der Rückkopplung F_R ist somit durch Gl. (2) charakterisiert.

$$F_R = F_A \cdot F_E \quad (2)$$

Mit

$$F_A = \frac{\dot{X}}{X} = p \quad (3)$$

folgt für den Frequenzgang der Rückkopplung, daß

$$F_R = F_A \cdot F_E = F_E \cdot p \quad (4)$$

ist.

Der Frequenzgang der Maschine ohne Dämpfer läßt sich zu Gl. (5) ableiten.

$$F_s = \frac{X}{K_s} = \frac{1}{mp^2 + kp + c} \quad (5)$$

Mit Hilfe der Gl. (4) und (5) kann man den Gesamtfrequenzgang des geschlossenen Kreises Gl. (1) umformen.

$$F_s^* = \frac{X}{K_s} = \frac{1}{mp^2 + kp + c + F_E \cdot p} \quad (6)$$

Nach dem Zusammenfassen der geschwindigkeitsabhängigen Größen vereinfacht sich Gl. (6) zu

$$F_s^* = \frac{1}{mp^2 + kp^* + c} \quad (7)$$

In dieser Gleichung wird k, wie aus Gl. (8) hervorgeht, durch die Summe aus den Dämpfungskoeffizienten des schwingenden

$$k^* = k + F_E \qquad (8)$$

Maschinenbauteils und dem Erregerfrequenzgang gebildet. Die Wirkung der Rückkopplung des Geschwindigkeitsaufnehmers und Erregers mit der Maschine hat somit eine Vergrößerung des Dämpfungskoeffizienten zur Folge. Bei den bisherigen Überlegungen wurde vorausgesetzt, daß F_A und F_E verzögerungsfreie Glieder sind. Den Zusammenhang zwischen dem Dämpfungskoeffizienten k aus Gl. (5) und der dimensionslosen Dämpfungskonstanten D des Einmassenschwingers liefert die Beziehung

$$D = \frac{k}{2 m \omega_o} \qquad (9)$$

mit m als reduzierte, schwingende Masse und ω_o als ungedämpfte Kreiseigenfrequenz. Da die rückgeführte geschwindigkeitsproportionale Kraft aus Gl. (6) bekannt ist, wird in Gl. (9) der abgeleitete Ausdruck für die Gesamtdämpfung eingesetzt. Damit ist die gesamte auf das System wirkende Dämpfungskonstante D Gl. (10) ermittelt.

$$D^* = \frac{k + F_E}{2 m \omega_o} \qquad (10)$$

Der in Gl. (8) hergeleitete Dämpfungskoeffizient kann über die Verstärkung der Erregerkraft je nach Auslegung des Wechselkrafterregers in einem großen Bereich variiert werden. Dadurch wird es mit Hilfe dieses Rückführsystems theoretisch möglich, die Dämpfungskonstante beliebig zu vergrößern.

In der Praxis ist jedoch an Werkzeugmaschinen im Idealfall, wie bereits erwähnt, eine maximale Dämpfungskonstante von D = 0,5 anzustreben, da für diesen Wert die dynamische Auslenkung bei der Eigenfrequenz der statischen entspricht.

Die Realisierung einer sehr hohen Dämpfungskonstanten bedeutet aber wegen des Verzögerungsverhaltens realer Erreger- und Aufnehmersysteme im Hinblick auf das Stabilitätsverhalten des geschlossenen Regelkreises erhebliche Schwierigkeiten. Auf diesen Problemkreis soll später noch näher eingegangen werden.

3.2 Dynamisches Verhalten des Geschwindigkeitsaufnehmers und des Wechselkrafterregers

Durch Gl. (6) wird gezeigt, daß die durch die Rückführung erzielte Dämpfungswirkung nur vom Frequenzverhalten des zur Messung der Geschwindigkeit verwendeten Aufnehmers und des eingesetzten Wechselkrafterregers abhängt. Das ideale, rein proportionale Verhalten einmal für den Erreger, wie es in Abb. 4 dargestellt ist, und zum anderen für den Geschwindigkeitsaufnehmer ist, nicht realisierbar. Deshalb ist die genaue Kenntnis der Abweichung von diesem Idealverhalten für die Wirkung des Aktiven Dämpfers von besonderer Bedeutung. Die folgenden Betrachtungen sollen

Aufschluß darüber geben, unter welchen Bedingungen die zur Dämpfung benötigten Geräte sinnvoll eingesetzt werden können. Der Gesamtfrequenzgang der Rückführung ist aus Gl. (2) bekannt.

$$F_R = F_A \cdot F_E = \frac{K_E}{x} \qquad (2)$$

Bezogen auf die Verlagerung x des schwingenden Systems besitzt der Geschwindigkeitsaufnehmer differenzierende Wirkung wie aus Gl. (3) und Abb. 5 hervorgeht. Dadurch nimmt die Rückführung aber den Charakter eines Systems mit reinem D-Verhalten an.

Auf die Systeme Aufnehmer und Erreger übertragen bedeutet diese Schlußfolgerung, daß zunächst ein Geschwindigkeitsaufnehmer verwendet werden muß, der in dem interessierenden Frequenzbereich eine konstante Phasenschiebung von $\varphi = +90°$ gegenüber dem Schwingweg aufweist. Für den Wechselkrafterreger dagegen ergibt sich im gleichen Frequenzbereich die Phasenschiebung von $\varphi = 0°$.

Dieser Idealzustand läßt sich wegen der stets vorhandenen Nichtlinearitäten sowie den verzögernd wirkenden Reibungseinflüssen bei den Schwingungsaufnehmern in dem interessierenden Frequenzbereich nicht realisieren. Ebensowenig sind Wechselkrafterreger bekannt, die bis f = 400 Hz reines P-Verhalten zeigen, da schon allein durch die Masse-, Feder- und Dämpfungswirkung des mechanischen Teiles ein verzögerndes Verhalten hervorgerufen wird.

Es muß deshalb versucht werden, in dem technisch interessierenden Frequenzbereich das dynamische Verhalten der Wechselkrafterreger und Geschwindigkeitsaufnehmer in der Weise zu gestalten, daß sie den aus Gl. (4) ergebenden Forderungen gerecht werden. Sowohl für den Wechselkrafterreger als auch für den Geschwindigkeitsaufnehmer muß also in diesem Bereich ein proportionales Verhalten vorliegen.

3.3 Abschätzung der erforderlichen Erregerkraft zur Dämpfung auftretender Schwingungen an Werkzeugmaschinen

Beim Rattern an Werkzeugmaschinen werden die gesamte Maschine oder einzelne Maschinenbauteile zum Schwingen angeregt. Die schwingenden reduzierenden Massen können bei kleineren Werkzeugmaschinen (10 - 20 KW) in der Größenordnung von m = 500 - 1000 kg und bei Schwerwerkzeugmaschinen (250 KW) zwischen m = 5000 - 10 000 kg liegen. Diese Zahlen deuten darauf hin, daß zur Dämpfung vor allem bei Groß-Werkzeugmaschinen hohe Erregerkräfte aufzubringen sind. Zur Auslegung eines Aktiven Dämpfers ist es daher erforderlich, die jeweils anzustrebenden maximalen Dämpfungs- bzw. Erregerkräfte abschätzen zu können.

Die maximal anzustrebende Dämpfungskonstante $D_{soll} = 0,5$ setzt sich aus der vorhandenen und der aufzubringenden Dämpfungskonstanten zusammen, wie aus Gl. (11) hervorgeht.

$$D_{soll} = D_{vorh.} + D_{zu} = 0,5 \qquad (11)$$

Über die bekannte Beziehung Gl. (9) läßt sich bei Kenntnis der Systemkenngrößen eines Einmassenschwingers und mit Hilfe von Gl. (11) die Größe des Dämpfungskoeffizienten k_{zu} ermitteln Gl. (13)

$$D_{zu} = \frac{k_{zu}}{2 m \omega_o} = 0,5 - D_{vorh.} \qquad (12)$$

$$k_{zu} = 2 m \cdot \omega_o \cdot (0,5 - D_{vorh.}) \qquad (13)$$

Wird dieser k_{zu}-Wert, der die auf die Geschwindigkeit bezogene Dämpfungskraft darstellt, mit der Schwinggeschwindigkeit des Systems bei der Eigenfrequenz multipliziert, so ergibt sich aus dem Produkt Gl. (14) die aufzubringende Erregerkraft

$$K_E = k_{zu} \cdot \dot{x} \omega_o = k_{zu} \cdot x \omega_o \cdot \omega_o \qquad (14)$$

k_{zu} kann hierin durch Gl. (13) ersetzt werden.

$$K_E = 2 \cdot x \omega_o \cdot \omega_o^2 \cdot m \cdot (0,5 - D_{vorh.}) \qquad (15)$$

Die maximale Auslenkung in der Eigenfrequenz beim Einsatz des Aktiven Dämpfers ergibt sich aus der Beziehung Gl. (16)

$$D_{soll} = \frac{x_{stat}}{2 x \omega_o} \qquad (16)$$

zu

$$x \omega_o = x_{stat} \cdot \frac{1}{2 D_{soll}} \qquad (17)$$

Die dynamische Auslenkung $x \omega_o$ wird durch die dynamische Anregungskraft $K_{Anr.}$ verursacht und hängt in ihrer Größe von der dynamischen Steifigkeit $c \omega_o$ ab. Im Fall von $D_{soll} = 0,5$ entspricht aber $c \omega_o = c_{stat}$. Somit läßt sich in Gl. (17) x_{stat} durch den Ausdruck

$$x_{stat} = \frac{K_{Anr.}}{c_{stat}} \qquad (18)$$

ersetzen. Damit folgt für

$$x \omega_o = \frac{K_{Anr.}}{c_{stat} \cdot 2 \cdot D_{soll}} = \frac{K_{Anr.}}{c_{stat}} \qquad (19)$$

Mit dieser Beziehung und der Gl. (15) kann man nach einigem Umformen die Abhängigkeit der aufzuwendenden Erregerkraft von der Anregungskraft für die anzustrebende Dämpfungskonstante von $D_{soll} = 0,5$ formulieren

$$K_E = K_{Anr.} \cdot (1 - D_{vorh.}) \qquad (20)$$

Für einen beliebig angenommenen Sollwert der Dämpfungskonstanten D_{soll} läßt sich diese Abhängigkeit verallgemeinern, wie Gl. (21) wiedergibt.

$$K_E = K_{Anr.} \cdot (1 - \frac{D_{vorh.}}{D_{soll}}) \qquad (21)$$

Sind die Anregungskräfte und die vorhandene Dämpfungskonstante bekannt, so kann man mit Hilfe dieser abgeleiteten Beziehungen die aufzuwendende Erregerkraft berechnen.

Aus dieser Ableitung zeigt sich also, daß zur Erzielung einer Gesamtdämpfung von D = 0,5 erhebliche Erregerkräfte aufgebracht werden müssen. Das wiederum stellt ganz bestimmte Forderungen an den einzusetzenden Wechselkrafterreger, auf den im folgenden näher eingegangen werden soll.

4. Auslegung und Entwicklung eines Absoluterregers zur Erzeugung der Dämpfungskraft

4.1 Allgemeine Betrachtungen

Wie bereits erwähnt, erfordert das Prinzip der Aktiven-Dämpfung den Einsatz eines Wechselkrafterregers. Da dieser Erreger aufgrund seiner Aufgabenstellung unabhängig von einer Abstützung zwischen zwei Maschinenelementen arbeiten soll, eignen sich für diesen Einsatz nur Absoluterreger. Durch den speziellen Anwendungsfall im Werkzeugmaschinenbau ergibt sich für diesen Erreger ein Frequenzbereich von f = 10 - 400 Hz, da die Mehrzahl der auftretenden Ratterschwingungen fast ausschließlich in diesen Frequenzbereich fallen. Auch sind Wechselkräfte in diesem Bereich von über 100 kp erforderlich. Das Verhältnis vom Gewicht des Erregers zur erzeugten Wechselkraft soll aber möglichst klein gehalten werden, um eine Veränderung der dynamischen Eigenschaften des zu dämpfenden Maschinenelements durch eine zu große Erregermasse zu vermeiden. Aus dieser Forderung ergibt sich zwangsläufig eine geringe Baugröße, wodurch Anbringungsschwierigkeiten vermieden werden.

Eine Untersuchung der z.Zt. auf dem Markt angebotenen Absoluterreger auf die gestellten Forderungen hin ergab, daß für den praktischen Anwendungsfall kein geeigneter Erregertyp zur Verfügung steht. Es mußte deshalb zunächst ein geeigneter Absoluterreger entwickelt werden, der den gestellten Anforderungen entspricht. Hierzu bietet sich das elektro-hydraulische Erregerprinzip [26] wegen der erzielbaren hohen Wechselkräfte bei geringer Baugröße an.

4.2 Prinzip und Wirkungsweise des Absoluterregers

Im Gegensatz zur Relativerregung, bei der der Wechselkrafterreger zwischen zwei Maschinenelementen eingespannt ist, arbeitet bei der Absoluterregung der Erreger unabhängig von einer Abstützung. Die erzeugte Kraft ist die Reaktionskraft einer beschleunigten Masse nach dem d'Alembert'schen Trägheitssatz

$$K = m \cdot b \qquad (22)$$

Bei der Ausführung des Absoluterregers, wie eine Konstruktionsmöglichkeit in Abb. 6 zeigt, bildet in Verbindung mit Zusatzmassen das Erregergehäuse die beschleunigte Masse. Mit Hilfe eines Servo-Ventils und eines Ölstromes werden die Zylinderräume im Gehäuse wechselseitig mit Druck beaufschlagt. Dadurch wird die Erregermasse in eine oszillierende Bewegung versetzt. Die hieraus resultierende Erregerkraft wird über einen feststehenden Kolben und eine Halterung in das zu dämpfende Objekt eingeleitet.

4.3 Aufbau des Absoluterregers

Der in Abb. 6 dargestellte elektro-hydraulische Wechselkrafterreger ist ähnlich wie der in [26] beschriebene Relativerreger aufgebaut. Das eine Ende der Kolbenstange ist starr mit einer Halterung verbunden, die die Krafteinleitung in die Erregergrundplatte übernimmt. Das gesamte Gehäuse wird auf der Kolbenstange und dem Kolben geführt.

Die in das Mittelstück eingepaßte Büchse hat die Aufgabe, das Drucköl, welches über das Servoventil dem Erreger zugeführt wird, über zwei Ringnuten und über mehrere auf dem Umfang verteilte radial verlaufende Bohrungen in den Zylinderraum des Gehäuses einzuleiten. Dadurch wird eine gleichmäßige Druckbeaufschlagung der Zylinderräume erreicht. Die Gehäuseteile sind untereinander und die Seitenteile gegenüber dem Kolben abgedichtet. Anfallendes Lecköl wird in Ringnuten in den Seitenteilen aufgefangen und dem Hydraulikaggregat über einen Lecköanschluß zugeführt. Eine Endlagendämpfung in der Mittelbuchse verhindert den ungedämpften Aufschlag zwischen Gehäuse und Kolben. Zur Vergrößerung der Erregermasse sind Zusatzmassen in Form von Seitenplatten an das Erregergehäuse angeschraubt.

Mit der Zusatzmasse beläuft sich die bei diesem Erreger zu beschleunigende Masse auf insgesamt m = 17 kg. Die Länge der Zylinderräume wurde so gestaltet, daß der maximale translatorische Weg der Erregermasse $x = \pm$ 10 mm beträgt, um bei einer Frequenz von f = 10 Hz noch eine Maximalkraft von $K_E \approx$ 100 kp zu ermöglichen.

Das relativ große Ölvolumen in den Zylinderräumen in Verbindung mit der Erregermasse bildet ein schwingungsfähiges System, das in der Form eines Einmassenschwingers - wie Abb. 7 zeigt - dargestellt werden kann. Die Eigenfrequenz des Systems Ölfeder-Erregermasse darf nicht in den Arbeitsbereich fallen.

Die Ölfedersteifigkeit Gl. (22) ist definiert als

$$c_{öl} = \frac{dp \cdot H}{dx} \qquad (22)$$

Mit Hilfe der Volumenänderung Gl. (23)

$$\Delta V = -\beta \cdot V_o \cdot \Delta p \qquad (23)$$

mit $\qquad \Delta V = \Delta x \cdot H$

und $\qquad \beta = 0,55 \div 0,7 \cdot 10^{-4} \left[\dfrac{cm^2}{kp} \right]$

läßt sich die Ölfedersteifigkeit in vereinfachter Form Gl. (24) darstellen.

$$\frac{dp}{dx} = - \frac{H}{\beta \cdot V_o} \qquad (24)$$

mit H wirksame Fläche

V_o vorhandenes Ölvolumen

L_o Ölsäulenlänge

β Kompressibilitätskoeffizient.

Unter Anwendung der Gl. (24) wird für den Erreger die gesamte Ölfedersteifigkeit, die sich aus der Parallelschaltung der beiden Ölsäulen zusammensetzt, zu $c_{\text{öl ges}} = 67 \cdot 10^4 \dfrac{kp}{cm}$ ermittelt. Wird dieser Wert in die bekannte Gl. (25) eingesetzt

$$f_E = \frac{1}{2\pi} \cdot \sqrt{\frac{c_{\text{öl ges}}}{m}} \qquad (26)$$

so ergibt sich eine Eigenfrequenz des Erregers von etwa $f_E \approx 3,3$ kHz.

Diese Eigenfrequenz liegt weit außerhalb des angestrebten Arbeitsbereiches von f = 10 - 400 Hz und ist somit für die weiteren Betrachtungen von untergeordneter Bedeutung.

Auf dem Mittelteil des Erregers ist das Servoventil montiert. Es ist so angeordnet, daß die Lage seines Steuerkolbens im rechten Winkel zum Arbeitskolben steht, um bei hohen Frequenzen Rückkopplungen zu vermeiden, die bei der Parallellage der Kolben eintreten können.

Zur Vermeidung eines zusätzlichen Moments wurde der Schwerpunkt des Erregergehäuses und der Zusatzmassen in die Kolbenachse gelegt. Um ein Pendeln des Gehäuses um die Kolbenlängsachse zu verhindern, stabilisieren seitliche wälzgelagerte Stützrollen seine Lage.

Zur Kraftmessung ist das aus Abb. 6 ersichtliche Kolbenstangensegment mit Dehnmeßstreifen beklebt. Mit diesem Kraftmeßelement lassen sich die in die Grundplatte eingeleiteten Wechselkräfte ermitteln.

4.4 Ansteuerung des Servoventils

Neben dem zur Druckerzeugung dienenden Hydraulikaggregat in Verbindung mit dem Arbeitskolben und dem Erregergehäuse ist das zur Steuerung des Ölstromes verwendete Servoventil ein wesentlicher Bestandteil des elektrohydraulischen Absoluterregers. Bei dem eingesetzten Steuerventil handelt es sich um ein Dowty-Moog Servoventil der Serie 32 mit den Hauptkenngrössen $q_{o\,max}$ = 4,2 l/min, i_{Nenn} = 10 mA.

Von besonderer Bedeutung für das dynamische Verhalten des Servoventils und des Erregers ist die elektrische Ansteuerungsart. Es bestehen zwei Möglichkeiten, auf die hier näher eingegangen und deren Auswirkungen auf das Gesamtverhalten des Erregers gezeigt werden soll.

In Abb. 8 ist die spannungsproportionale Ansteuerung der stromproportionalen Ansteuerung gegenübergestellt. Im ersten Fall wird die Steuerspule des Ventils, die durch die Ersatzschaltung eines Ohm'schen Widerstandes R_v und einer Induktivität L dargestellt ist, direkt durch die Spannung u angesteuert. Hierbei ist die Ausgangsspannung u_a proportional der Eingangsspannung u_e. Im zweiten Fall dagegen wird die Spule in die Rückkopplung eines Leistungsverstärkers gelegt. Das hat zur Folge, daß ein schnellerer Anstieg des Steuerstromes i in bezug auf die Änderung der Steuerspannung erreicht wird. Die Eingangsspannung u_e ist in diesem Fall proportional dem Ventilstrom i.

Wie sich die verschiedenen Ansteuerungsarten auf das dynamische Verhalten des Servoventils auswirken, kann anhand der Ortskurven des Ventils in Abb. 9 gezeigt werden. Ein System hat ein umso besseres dynamisches Verhalten, je höher die sogenannte Kennfrequenz liegt. Als Kennfrequenz wird dabei die Frequenz bezeichnet, bei der die Phasenschiebung φ zwischen dem Eingangssignal und dem Ausgangssignal φ = -90° beträgt.

Abb. 9 verdeutlicht also den Vorteil der stromproportionalen Ansteuerung des Ventils. Das Zeitverhalten des Servoventils bei dieser Ansteuerung liegt mit einer Kennfrequenz von f = 84 Hz wesentlich günstiger als bei spannungsproportionaler Ansteuerung mit einer Kennfrequenz von f = 28 Hz, da die elektrische Zeitkonstante durch diese stromproportionale Steuerung kompensiert werden kann.

Aus diesem Grunde wurde die stromproportionalen Ansteuerung des Servoventils bei der Entwicklung des Erregers bevorzugt. Bei dem verwendeten Verstärker wurde ein Leistungsverstärker in integrierter Bauweise mit einem vorgeschalteten Operationsverstärker eingesetzt.

4.5 Mittellagerregelung des Erregers

Mit dem beschriebenen Absoluterreger lassen sich aufgrund seiner Konzeption keine statischen Kräfte sondern nur Wechselkräfte erzeugen. Der Schwingweg der Erregermasse von $x = \pm$ 10 mm macht eine Mittellageregelung erforderlich. Dadurch soll verhindert werden, daß die Erregermasse insbesondere bei niedrigen Frequenzen, bei denen sich hinreichend große Kräfte nur mit relativ großen Amplituden erzeugen lassen, einseitig gegen eine Kolbenfläche schlägt.

Schon eine geringe Gleichspannung im Eingangssignal sowie die stets vorhandene geringe Unsymmetrie des Servoventils bewirken eine Verlagerung der Erregermasse aus seiner Mittellage. Dieser Verlagerung wird durch den in Abb. 10 dargestellten Lageregelkreis, der die Erregermasse in der Mittellage fixiert, entgegengewirkt. Ein berührungsloser, induktiver Wegaufnehmer, der aus einem Differentialtransformator mit eingebautem Trägerfrequenzsystem besteht, erfaßt die relative Lage zwischen der Erregermasse und dem Kolbenmittelpunkt. Die Ausgangsspannung ist dabei der Verschiebung des Aufnehmerkernes in einem bestimmten Bereich proportional. Dem Aufnehmer ist ein Tiefpaß nachgeschaltet, an dessen Ausgang eine Spannung anliegt, die der mittleren statischen Abweichung des Kolbens aus seiner Mittellage entspricht. Diese Größe wird wieder auf das Servoventil zurückgeführt und wirkt der auftretenden Drift sowie anderen Störgrößen entgegen.

Eine mechanische Zentrierung durch Federn, die die Masse in der Mittellage halten, scheidet gewöhnlich wegen der hohen Kraftverluste durch die Federsteifigkeiten sowie der sich aus dem zusätzlichen Feder-Masse-System ergebenden Eigenfrequenz aus.

Im folgenden Kapital werden nun der Arbeitsbereich sowie die erreichbaren Wechselkräfte des entwickelten Absoluterregers untersucht.

4.6 Frequenzgang des Absoluterregers

Bisher wurde nur das dynamische Verhalten des Servoventils betrachtet. Wird um das Servoventil mit dem Erreger gekoppelt, so erweitert sich das dynamische Verhalten des Gesamtsystems um den mechanisch hydraulischen Teil des Erregers, das einen differenzierenden Charakter aufweist. Das Verhalten des kompletten Absoluterregers läßt sich durch Gl. (27) beschreiben.

$$F_E = \frac{K_E}{U_e} \cong \frac{V_{v3} \cdot V_{m3} \cdot p}{T_{v2}^2 \cdot p^2 + T_{v3} \cdot p + 1} \tag{27}$$

Der Frequenzgang setzt sich aus einem differenzierenden und einem mehrfach verzögernden Glied zusammen, wobei hier nur die Einflüsse des Steuerkolbens berücksichtigt werden. Es ist aber zu erwarten, daß insbesondere die vernachlässigten Reibungsverluste bei höheren Frequenzen eine weitere Verzögerung des Gesamtsystems verursachen.

Dieses theoretisch ermittelte Verhalten konnte durch die Aufzeichnung des Erregerfrequenzganges bestätigt werden. In Abb. 11 ist der Amplitudengang des Erregers dargestellt. Hierbei ist die erzeugte Wechselkraft K_E in Abhängigkeit vom Eingangsstrom i über der Frequenz bei konstanten Pumpendruck p_o = 150 kp/cm^2 und unterschiedlichem Eingangsstrom i aufgetragen. Bei der Betrachtung beider Darstellungen zeigt sich, daß bis etwa 80 Hz der differenzierende Charakter des Systems dominiert. Bei höheren Frequenzen wird dann der verzögernde Einfluß stark wirksam, was sich in einem merklichen Amplitudenabfall auswirkt. Der Abb. 11 ist weiter zu entnehmen, daß mit steigendem Eingangsstrom i das Zeitverhalten des Erregers stark anwächst. Der Grund für dieses Verhalten ist darin zu suchen, daß das Verhältnis von genutzter Kraft zu den Verlusten wie Reibung usw. mit wachsendem Ansteuerstrom günstiger wird. Wie sich gezeigt hat, ergeben die theoretischen Betrachtungen des Absoluterregerfrequenzganges und die Meßergebnisse eine gute Übereinstimmung.

Den experimentell ermittelten Frequenzgängen können sowohl die erreichbaren Wechselkräfte als auch die Frequenzbereiche des Erregers für unterschiedliche Eingangssignale bei konstantem Pumpendruck p_o entnommen werden. Für die konstruktiven Abmessungen ergeben sich folgende technische Daten für den Absoluterreger:

Abmessungen: max. Länge 290 mm, max. Breite 140 mm,
$\quad\quad\quad\quad\quad$ max. Höhe 100 mm

Gesamtgewicht ohne Grundplatte $\approx$ 18 kg, Gewicht der schwingenden Masse $\approx$ 17 kg

Für den Arbeitsbereich ergeben sich z.B. Wechselkräfte bei einer Frequenz von f = 100 Hz, i = 5 mA und p_o = 150 kpcm^{-2} von K_E = 600 kp.

Dabei liegt der technisch interessante Frequenzbereich zwischen f = 10 - 400 Hz.

Mit Hilfe des entwickelten Absoluterregers lassen sich in einem großen Frequenzbereich hohe Wechselkräfte bei geringer Baugröße erzielen. Dabei hängt das Verhalten des Erregers im wesentlichen von den dynamischen Eigenschaften des zur Steuerung eines Ölstromes verwendeten Servoventils sowie der Art der elektrischen Ansteuerung des Ventils ab. Durch den Einsatz eines Servoventils mit einer sehr hohen Kennfrequenz, das für den industriellen Einsatz noch nicht zur Verfügung gestellt wird, in Verbindung mit einer entsprechenden Ansteuerung ist jedoch mit einem noch wesentlich günstigeren Erregerfrequenzgang insbesondere bei hohen Frequenzen zu rechnen.

5. Frequenzgangkompensation des Absoluterregers

Wie aus Kap. 3.2 hervorgeht, besteht für den optimalen Einsatz des Aktiven Dämpfers die Forderung nach einem proportionalen Verhalten des Erregerfrequenzganges im technisch interessierenden Frequenzbereich. Das setzt wiederum für die Erregereinheit voraus, daß die Eingangsspannung u_e, die dem Eingangsstrom i proportional ist, und die Erregerkraft K_E in dem geforderten Frequenzbereich in Phase liegen. Die Darstellung der Erregerfrequenzgänge bei unterschiedlichen Eingangsströmen in Abb. 11 zeigt jedoch, daß diese Forderung mit dem entwickelten Absoluterreger nicht eingehalten wird. Mit diesen dynamischen Eigenschaften eignet sich der Erreger zunächst nicht für die Verwendung zur aktiven Dämpfung. Es muß deshalb eine Korrektur des gesamten Frequenzganges vorgenommen werden, um das differenzierende Verhalten bei niedrigen Frequenzen und die starke Verzögerung im oberen Frequenzbereich zu kompensieren.

Da eine mechanische Verbesserung im vorliegenden Fall nicht möglich ist, erhebt sich die Frage nach einer anderen geeigneten Methode. Hier bietet sich wegen ihrer einfachen Durchführbarkeit die Frequenzgangkompensation mit Hilfe eines elektrischen Netzwerkes an. Dabei wird der inverse Frequenzgang des Absoluterregers durch eine elektrische Schaltung nachgebildet. Wird dieses Netzwerk mit dem Absoluterreger in Reihe geschaltet, so multiplizieren sich die komplexen Frequenzgänge beider Übertragungssysteme. Der so ermittelte Gesamtfrequenzgang zeigt nun über dem gesamten Frequenzbereich ein konstantes Verhalten (Abb. 12).

Zur Kompensation ist es aber erforderlich, die genaue Frequenzganggleichung des Absoluterregers aus dem gemessenen Frequenzgang zu ermitteln und durch eine geeignete Schaltung den inversen Frequenzgang nachzubilden.

Diese Zusammenhänge lassen sich zweckmäßigerweise in einem Bode-Diagramm darstellen. Gegenüber der Ortskurvendarstellung ergeben sich dadurch einige wesentliche Vorteile, insbesondere für die weitere numerische Behandlung. Einmal läßt sich die komplexe Multiplikation zweier Frequenzgänge im doppelt-logarithmischen Koordinatensystem auf eine einfache Streckenaddition der Amplitudengänge zurückführen, wobei sich die über der logarithmisch geteilten Frequenzachse linear aufgetragenen Beträge der Phasengänge ebenfalls addieren; zum anderen ergeben sich die inversen Amplituden- und Phasengänge durch Spiegelung an den waagerechten Koordinatenachsen.

Durch die Annäherung des Erregerfrequenzganges mit Hilfe gerader Strecken lassen sich die Zeitkonstanten und Beiwerte, die mit den Knickpunkten und Steigungen in einfacher Beziehung stehen, quantitativ aus der Darstellung entnehmen [5]. In gleicher Weise genügt bei linearen Systemen die Aufzeichnung des Amplitudenverlaufs, da aus ihm der Phasengang berechnet bzw., graphisch ermittelt werden kann.

5.1 Invertierung der nachgebildeten Frequenzganggleichung

Da Gl. (27) nur eine Näherungslösung darstellt, in der die Reibungseinflüsse in den beweglichen Teilen des Absoluterregers vernachlässigt wurden, sind diese Einflüsse in der vollständigen Frequenzganggleichung zu berücksichtigen. Die Bestimmung dieser erweiterten Frequenzganggleichung kann aus dem Verlauf des in dem interessierenden Frequenzbereich gemessenen Übertragungsverhaltens erfolgen.

Das Zeitverhalten des Absoluterregers liegt in der Darstellung 11 für verschiedene Ventil-Ansteuerstromstärken vor. Hieraus wurde der Frequenzgang mit einem Eingangssignal von $i = 1$ mA und einem Versorgungsdruck von $p_o = 150$ kp $\cdot$ cm^{-2} zur Ermittlung der vollständigen Frequenzgleichung herangezogen. Dieser Frequenzgang zeigt in der doppelt-logarithmischen Darstellung einen Verlauf, der gut durch gerade Linienzüge anzunähern ist. Da keine Resonanzüberhöhung vorkommt, kann dieser Frequenzgang durch eine Hintereinanderschaltung von Verzögerungsgliedern 1. Ordnung realisiert werden. Die Zeitkonstanten, die das Frequenzverhalten der einzelnen Glieder 1. Ordnung bestimmen, können aus den Knickpunkten des Frequenzganges entnommen werden. Die sogenannte Eckfrequenz f_E am Knickpunkt bestimmt die Zeitkonstante des Gliedes zu $2 \cdot \pi \cdot f_E = 1/T$. An der selben Stelle weist der genaue Phasenverlauf bei weit auseinander liegenden Eckfrequenzen ein Phasenschiebung von $\frac{\pi}{4}$ auf.

Die durch diese Frequenzgangzerlegung ermittelten Kenngrößen werden in der Frequenzgangleichung des Erregers zusammengefaßt. Dabei zeigt sich, daß das Zeitverhalten des Erregers durch die Reihenschaltung eines differenzierenden Gliedes 1. Ordnung mit einem Verzögerungsglied 6. Ordnung hinreichend genau beschrieben werden kann. Das Verzögerungsglied 6. Ordnung kann durch eine Hintereinanderschaltung von sechs Verzögerungsgliedern 1. Ordnung realisiert werden. Alle Übertragungsfunktionen der sechs Systeme 1. Ordnung können durch aktive Glieder, d.h. mit beschalteten Gleichspannungsverstärkern, dargestellt werden. Die Zeitkonstante T ergibt sich aus Gl. (28).

$$T = R \cdot C \tag{28}$$

Darin stellen der Widerstand R und der Kondensator C die externen Beschaltungselemente der Verstärker dar.

Mit Hilfe der Gesamtschaltung kann der Erregerfrequenzgang nachgebildet werden. Zur Invertierung des Frequenzganges bietet sich wegen seiner besonders einfachen Ausführung das Verfahren an, bei dem der nachgebildete Frequenzgang des Absoluterregers in die Rückkopplung eines Verstärkers geschaltet wird. Die elektrische Schaltung dieser Anordnung geht aus Abb. 13 hervor [5]. Aus der Darstellung läßt sich die Frequenzganggleichung des Gesamtsystems F_G wie folgt herleiten

$$F_G = \frac{u_a}{u_e} \tag{29}$$

wobei die Ausgangsgröße u_a sich zu

$$U_a = \frac{V_v \cdot U_e}{1 - V_v \cdot F_{ges}} \tag{30}$$

ergibt. Wird u_a in Gl. (30) eingesetzt, so ergibt sich für

$$F_G = \frac{V_v \cdot u_e}{u_e(1 - V_v \cdot F_{ges})} = \frac{1}{\frac{1}{V_v} - F_{ges}} \tag{31}$$

Wird der Verstärkungsfaktor V_v genügend hoch gewählt, so ist der Ausdruck $1/V_v$ gegenüber F_{ges} vernachlässigbar gering. Gl. (32)

$$F_G \approx - \frac{1}{F_{ges}} \tag{32}$$

Der Frequenzgang des Verstärkers mit der Rückkopplung F_G ist damit näherungsweise durch den nachgebildeten Erregerfrequenzgang in der Rückführung bestimmt.

Er entspricht dem inversen Frequenzgang des Erregers unter der Voraussetzung, daß im geforderten Frequenzbereich der Verstärkungsfaktor V_v groß gegenüber dem Frequenzgang der Rückkopplung F_{ges} ist.

Diese Methode zeichnet sich gegenüber anderen bekannten Invertierungsverfahren durch ihre einfache Schaltung aus.

5.2 Mehrfachinvertierung

Bei diesem Invertierungsverfahren stellt der Verstärker mit der Rückführung einen Regelkreis dar. Nach der allgemeinen Stabilitätstheorie [3] besteht aber bei Regelkreisen mit Umkehrstellen, bei denen der aufgeschnittene Kreis eine Phasenschiebung $\varphi = 180°$ aufweist, die Gefahr der Instabilität. Das heißt, daß mit dieser Schaltung die Invertierung von maximal zwei Regelkreisgliedern 1. Ordnung bzw. einem Glied 2. Ordnung erfolgen kann. Liegen dagegen wie im dargestellten Beispiel Systeme mit höherer Ordnung vor, so kann dieses nicht direkt angewendet werden.

Zur Umgehung dieses Problems bietet sich eine Mehrfachinvertierung an. Die vorliegende Frequenzganggleichung 6. Ordnung wird in drei Gleichungen 2. Ordnung (33) aufgelöst, die durch Multiplikation miteinander verknüpft sind. Jede dieser Teilgleichungen ist stabil.

Die drei Netzwerke mit

$$F_{ges} = F_1 \cdot F_2 \cdot F_3 =$$
$$V_1 \cdot \frac{p}{(1+T_1 \cdot p) \cdot (1+T_2 p)} \cdot V_2 \cdot \frac{1}{(1+T_3 \cdot p) \cdot (1+T_4 \cdot p)} \cdot \qquad (33)$$
$$V_3 \cdot \frac{1}{(1+T_5 \cdot p) \cdot (1+T_6 \cdot p)}$$

den Teilfrequenzgängen werden nun in die Rückkopplung dreier Verstärker gelegt. Dabei können die Verstärkungsfaktoren jeweils in der Größe von $V = 50 \ldots 100$ gewählt werden. Werden dann die drei invertierenden Einzelregelkreise in Reihe geschaltet (Abb. 14), so multiplizieren sich die einzelnen Frequenzgänge, und die Gesamtinvertierung ist unter Umgehung der Instabilität durchgeführt.

Das Netzwerk wurde mit Hilfe von 9 integrierten Operationsverstärkern ausgeführt. Die Beschaltung der Verstärker zur Festlegung der einzelnen Zeitkonstanten und zur Einstellung der Beiwerte erfolgt nach bekannten Rechenschaltungen und den zugehörigen Gleichungen [5]. Die Zeitkonstanten können durch Festkondensatoren in Verbindung mit Wendelpotentiometern festgelegt werden.

5.3 Kompensierter Frequenzgang

Zur eigentlichen Korrektur des ursprünglichen Frequenzganges des Absoluterregers wird nun das Netzwerk mit dem System in Reihe geschaltet. Für den Absoluterreger wird aus technischen Gründen das Netzwerk vor die elektrische Ansteuerung des Servoventils geschaltet. Der gemessene Gesamtfrequenzgang dieser Anordnung ist in Abb. 15 wiedergegeben. Darüber hinaus ist der gemessene Erregerfrequenzgang dem inversen Frequenzgang des Netzwerkes gegenübergestellt. Der dargestellte kompensierte Amplitudengang weist über dem geforderten Frequenzbereich von f = 10 ... 300 Hz ein nahezu konstantes Verhalten auf.

Der Amplitudenabfall bei niedrigen und hohen Frequenzen beruht auf der Begrenzung der Netzwerkausgangsspannung mittels gegeneinandergeschalteter Dioden. Sie sollen verhindern, daß durch die verstärkende Wirkung des Netzwerkes bei niedrigen und hohen Frequenzen die Eingangsspannung für den nachgeschalteten Leistungsverstärker zur Ansteuerung des Servoventils den max. zulässigen Wert überschreitet. Auf den Phasengang ist diese Spannungsbegrenzung jedoch ohne Einfluß.

In Abb. 15 wurde bei dem gemessenen Erregerfrequenzgang die Erregerkraft K_E der Einfachheit halber nicht auf den Eingangsstrom i sondern auf die Eingangsspannung u_e bezogen. Bei der praktischen Durchführung der Invertierung zeigt sich, daß der Idealfall einer sehr hohen Verstärkung wegen der Gefahr der Instabilität bei den drei Verstärkern (Abb. 14) nicht exakt erreicht wird. Es treten daher Fehler auf, die beim inversen Phasengang sichtbar werden.

Da es sich bei diesem Beispiel um einen elektro-hydraulischen Wechselkrafterreger handelt, sind noch die Nichtlinearitätseinflüsse bei unterschiedlichen Eingangsströmen und unterschiedlichen Drücken zu beachten.

Die unvermeidlichen Phasenfehler bei hohen und niedrigen Frequenzen haben aber zur Folge, daß die optimale Wirkung des Aktiven Dämpfers in diesen Bereichen nicht gewährleistet ist. Auf die Auswirkung dieser Fehler wird aber noch näher eingegangen.

6. Messung der Schwinggeschwindigkeit der zu dämpfenden Maschinenelemente

Wie im Abschnitt 3 ausgeführt wurde, wird beim Einsatz des Aktiven Dämpfers die Schwinggeschwindigkeit des zu dämpfenden Maschinenelementes gemessen und mit diesem Signal der Wechselkrafterreger angesteuert. Zur Messung der Geschwindigkeit können wahlweise ein Wegaufnehmer mit einem nachgeschalteten Differenzierer, ein Geschwindigkeitsaufnehmer oder ein Beschleunigungsaufnehmer mit einem in Reihe geschalteten Integrierer verwendet werden. Bei dieser Dämpfungseinheit wird ein Absolutaufnehmer verwendet. Wegen seiner besonders einfachen gerätetechnischen Ausführung soll bei dem entwickelten Aktiven Dämpfer ein handelsüblicher Geschwindigkeitsaufnehmer mit folgenden Kenngrößen eingesetzt werden:

Eigenfrequenz	f_o = 12 Hz
Dämpfung	D = 0,5
Frequenzbereich	f = 12 - 1000 Hz
Meßempfindlichkeit	300 mV/$\frac{cm}{sec}$

Der verwendete Geschwindigkeitsaufnehmer besteht aus einem elektrischen und einem mechanischen Teil, der nach dem seismischen Prinzip mit einer tief abgestimmten Eigenfrequenz und hoher Dämpfung arbeitet. Die differenzierende Wirkung des Aufnehmertyps wird dabei durch den elektrischen Teil erzielt. Das System benötigt zur Erzielung der Meßspannung aufgrund seiner Wirkungsweise keine Speisespannung. Für den seismischen Teil des Aufnehmers liegt als Eichkurve der Frequenzgang in Form einer Ortskurve Abb. 16 vor. Daraus wird ersichtlich, daß der Erreger unterhalb der Frequenz von f ≈ 50 Hz kein proportionales Verhalten zeigt.

Da der Aufnehmer bei der aktiven Dämpfung im Frequenzbereich von f = 10 - 300 Hz eingesetzt werden soll, muß der Frequenzgang für den Frequenzbereich von f = 10 - 50 Hz ähnlich wie beim Erregerfrequenzgang kompensiert werden. Dabei kann in der gleichen Weise vorgegangen werden, indem zuerst das Übertragungsverhalten des Aufnehmers mathematisch formuliert wird. Damit kann der Aufnehmerfrequenzgang mit Hilfe eines elektronischen Netzwerkes nachgebildet und anschließend invertiert werden. Die Frequenzgangkorrektur wird durch die Hintereinanderschaltung von Aufnehmer und invertierendem Netzwerk erreicht. Bei dieser gesamten Anordnung wird im interessierenden Frequenzbereich das verzögernde Verhalten des mechanischen Teils kompensiert, und es kommt nur noch das Übertragungsverhalten des elektrischen Teils des Aufnehmers zur Wirkung.

7. Stabilitätsuntersuchung des Regelkreises Maschine - Aktiver Dämpfer

Im Kapitel 3.1 wurde bereits erwähnt, daß die Realisierung einer hohen Dämpfung aus regelungstechnischer Sicht erhebliche Schwierigkeiten bereitet, da das System Maschine - Aktiver Dämpfer einen geschlossenen Kreis bildet. Für den Einsatz des Dämpfersystems ist die Stabilität dieses Kreises von entscheidender Bedeutung, denn im Falle der Instabilität wirkt der Erreger als zusätzliche Schwingungsanregung. Über das Verhalten des Gesamtsystems, das in dem vereinfachten Blockschaltbild 17 dargestellt ist, kann erst eine eingehende Stabilitätsanalyse Aufschluß geben.

7.1 Stabilitätsbetrachtung

Das Übertragungsverhalten des Erregers ist aus Kapitel 5 und das des Geschwindigkeitsaufnehmers aus Kapitel 6 bekannt. Der Gesamtfrequenzgang F_R dieser beiden Systeme ergibt sich durch eine Reihenschaltung und ist abgesehen von der Abhängigkeit des Erregerfrequenzganges vom Eingangsstrom bzw. vom Versorgungsdruck als konstant in bezug auf die Phasenlage anzusehen. Der Frequenzgang F_S der Maschine ändert sich dagegen mit jedem neuen Anwendungsfall. Es ist daher bei einzelnen Maschinen eine separate Stabilitätsanalyse durchzuführen. Betrachtet man den vereinfachten aufgeschnittenen Regelkreis aus Abb. 17, so ist die Stabilitätsgrenze gerade dann erreicht, wenn die Größen K_E^* und K_E nach Betrag und Phase gleich sind. Wird K_E gegenüber K_E^* größer, so wird das System instabil.

Es sind eine Reihe von Möglichkeiten zur Stabilitätsprüfung bekannt. Als besonders geeignet erscheint die Stabilitätsprüfung anhand der Ortskurven von Regler und Regelstrecke, wobei die Ortskurve des Reglers - bestehend aus dem Übertragungsverhalten des Erregers und des Geschwindigkeitsaufnehmers - vorliegt und die der Regelstrecke für jede Maschine ermittelt werden muß. Wird der inverse Frequenzgang $1/F_R$ des Reglers und der Frequenzgang F_S der Regelstrecke als Ortskurve im Polardiagramm aufgetragen, so kann aus dieser Darstellung auf die Stabilität des Kreises geschlossen werden [5].

7.2 Selbstoptimierung des Aktiven Dämpfers

Es hat sich im Kapitel 3 gezeigt, daß durch die starre Frequenzgangkorrektur des Absoluterregers Phasenfehler unvermeidlich sind, wie aus Abb. 15 ersichtlich ist, die zur Instabilität führen können. Um aber den praktischen Einsatz des Dämpfersystems zu ermöglichen, muß versucht werden, die Instabilität des Kreises Maschine - Aktiver Dämpfer zu umgehen.

Zur Korrektur der auftretenden Phasenfehler muß die Phasenabweichung durch ein variables Phasenschiebeglied kompensiert werden. Es ist daher eine zusätzliche automatische Regelung erforderlich, um eine Selbstoptimierung über dem gesamten Frequenzbereich des Dämpfers zu gewährleisten. Als Alternativen bieten sich drei Möglichkeiten an:

1. Phasenregelung,
2. Amplitudenminimum-Regelung,
3. Trennung des Regelkreises und gleichzeitige Synchronisation bei vorgegebener Phase.

7.2.1 Prinzip der Phasen-Regelung

Zur Vergrößerung des aus Gl. (8) ermittelten reinen Dämpfungskoeffizienten ist eine Phasenlage von $\varphi = +90°$ der Erregerkraft K_E bezogen auf die Bewegung x des Maschinenbauteils erforderlich. Wird dagegen die Geschwindigkeit $\dot{x}$ als Bezugsgröße gewählt, so müssen beide Größen in Phase liegen. Die Verwirklichung dieser Forderung kann mit Hilfe einer Phasen-Regelung erreicht werden.

Bei der beschriebenen Ausführung des Aktiven Dämpfers wird die Geschwindigkeit $\dot{x}$ ermittelt. Zusätzlich liegt durch die Lageregelung die Bewegung der Erregermasse x_E vor, die über die Beziehung $K_E = m \cdot x_E \cdot \omega^2$ mit der Erregerkraft verknüpft ist und zu dieser konstant um 180° phasenverschoben ist. Mit Hilfe dieser beiden Größen kann bezug nehmend auf ihre geforderte Phasenlage eine Phasen-Regelung auf den Wert $\varphi = 0^\circ$ erfolgen.

Der Aufbau dieses zusätzlichen Regelkreises wird aus dem Blockschaltbild 18 ersichtlich. In den geschlossenen Kreis der Maschine und des Aktiven Dämpfers ist ein Phasenschieber in Reihe geschaltet. Ein Phasenmesser ermittelt die jeweilige Phasenlage zwischen der geschwindigkeitsproportionalen Spannung u ($\dot{x}$) und der Spannung u (x_E), die der Verlagerung der Erregermasse proportional ist. Am Ausgang des Phasenmessers liegt eine der Phasenlage φ entsprechende Gleichspannung u(φ) an. Hiermit wird ein Schrittmotor zur Verstellung des Phasenschiebers über einem Dreipunktschalter mit Hysterese, der ein Schwingen des Motors verhindern soll, angesteuert.

Durch die Wirkung des Phasenschiebers wird das Geschwindigkeitssignal mit einer zusätzlichen Phasenschiebung beaufschlagt. Mit Hilfe des Schrittmotors wird der Phasenschieber so weit nachgestellt, bis der am Phasenmesser vorgegebene Sollwert, der der optimalen Phasenlage von $\varphi = 0^\circ$ zwischen der Geschwindigkeit und der Erregerkraft entspricht, erreicht wird. Dann wird der Schrittmotor aufgrund der toten Zone des Dreipunktschalters ausgeschaltet [5].

Aus den beiden Vergleichssignalen werden hoch- und niederfrequente Störungen mit Hilfe der aufeinander abgestimmten Bandpaßfilter herausgefiltert. Ein zusätzlicher Schwellwertschalter trennt den Hauptkreis sowie den zusätzlichen Regelkreis auf, sobald ein eingestellter Signalpegel unterschritten wird.

Als Phasenschieber bietet sich wegen seines einfachen Aufbaus und der Handhabung ein handelsüblicher Resolver an, wie er z.B. aus dem Werkzeugmaschinenbau als Drehmelder bekannt ist.

Zur Phasenmessung wird eine Schaltung aus nur fünf Operationsverstärkern vorgeschlagen [35].

Das Prinzip des hier verwendeten Phasenmessers basiert auf der Triggerung der beiden Eingangssignale im Nulldurchgang. Die beschriebene Phasenregelung ist aufgrund der Arbeitsweise des verwendeten Phasenmessers für solche Einsatzfälle nicht geeignet, bei denen stark modulierte Ratterschwingungen auftreten. Dies ist der Fall, wenn Maschinensysteme mit eng benachbarten Eigenfrequenzen beim Rattern zu Schwingungen mit diesen Frequenzen angeregt werden. Da hierbei die Aufnehmersignale gewöhnlich keine sinusförmige Form aufweisen, ist eine exakte Triggerung nicht mehr möglich, wodurch der Soll-Istwertvergleich zu Fehlbeurteilungen führt.

7.3 Die Amplitudenminimum-Regelung

Zur optimalen Einstellung des Regelkreises ist es nicht unbedingt erforderlich, durch einen Phasenvergleich die maximale Wirkung zu erzielen. Es besteht durchaus auch die Möglichkeit der Amplitudenminimum-Regelung des zu dämpfenden Maschinenelementes. Dabei wird das Geschwindigkeitssignal einem Tendenz-Meßgerät zugeführt. Diesem kommt die Aufgabe zu, die Tendenz den Amplitudenänderung in Abhängigkeit von der Phasenschiebung festzustellen und über einen motorisch verstellbaren Phasenschieber die Phasenlage zwischen der Erregerkraft und der Schwinggeschwindigkeit so zu regeln, daß sich ein Amplitudenminimum einstellt. (Abb. 19).

Ein ähnliches Verfahren ist z. B. aus der Lasertechnik zur Wellenlängenstabilisierung der Laserfrequenz bekannt.

7.4 Selbstoptimierung durch Synchronisation bei vorgegebener Phase

Als weitere Alternative zur Selbstoptimierung des Regelkreises Maschine - Aktiver Dämpfer kann das Verfahren der Synchronisation bei vorgegebener Phase angewendet werden (Abb. 20). Hierbei wird der Regelkreis zwischen dem korrigierten Geschwindigkeitsaufnehmer und dem kompensierten Erregerfrequenzgang getrennt. Gleichzeitig wird das Eingangssignal des Wechselkrafterregers mit dem Geschwindigkeitssignal synchronisiert, wobei ein Oszillator in geeigneter Weise angesteuert wird.

Zusätzlich wird eine Phasenlage extern vorgegeben. Bei den unterschiedlichen Synchronisationsmethoden kann das Geschwindigkeitssignal in der Regel eine beliebige periodische Funktion annehmen. Der Vorteil dieses Verfahrens liegt darin, daß eine Instabilität des gesamten Regelkreises nicht zu befürchten ist. Das setzt allerdings einen sicher arbeitenden Synchronisationsvorgang voraus.

Unbefriedigend an diesem Verfahren ist, daß im vorliegenden Frequenzbereich die Synchronisation sprunghaften Frequenzänderungen nur relativ langsam folgen kann.

Wird die Synchronisation auf eine Triggerung zurückgeführt, so müssen zur exakten Ansteuerung des Absoluterregers reine periodische Signale vorliegen. Wie bei einer Ausführung dieses Verfahrens festgestellt werden konnte, verursachen schon geringfügige Schwingungsüberlagerungen oder Modulationen Fehler, die die Wirkung des Aktiven Dämpfers stark beeinträchtigen.

7.5 Folgerungen

Wie sich gezeigt hat, läßt sich eine ideale Frequenzkorrektur für den Absoluterreger und Geschwindigkeitsaufnehmer nicht durchführen. Dadurch ist die zur optimalen Wirkung des Dämpfers geforderte Phasenlage zwischen der Schwinggeschwindigkeit und der Erregerkraft nicht gewährleistet. Gleichzeitig neigt der Regelkreis Maschine-Dämpfer aufgrund dieses Verhaltens zur Instabilität. Diese Instabilität kann durch eine geeignete Filterung nahezu behoben werden, was sich aber auf die geforderte Phasenlage nachteilig auswirkt. Eine Selbstoptimierung des Kreises kann daher erst durch eine zusätzliche Phasen-Regelung oder durch eine Amplitudenminimum-Regelung erreicht werden. Eine weitere Möglichkeit bietet noch das Verfahren der Synchronisation bei vorgegebener Phase.

Am Beispiel der ausgeführten Phasenregelung ist zu erkennen, daß mit Hilfe dieses Systems bei sprunghaften Phasenänderungen eine relativ lange Einstellzeit des Dämpfers erforderlich ist. Für die meisten bekannten Anwendungsfälle mit kontinuierlich veränderlichen Schwingfrequenzen wird aber eine gute Selbstoptimierung erreicht. Bei einem entsprechenden elektronischen Aufwand ist zwar eine Verbesserung hinsichtlich schnell wirkender Phasensteller möglich, die jedoch nur in besonderen Anwendungsfällen erforderlich ist. Die Entwicklung der Elektronik läßt aber erwarten, daß geeignete wirtschaftliche Lösungen für dieses Problem gefunden werden.

8. Einsatz des Aktiven Dämpfers an spanenden Werkzeugmaschinen

8.1 Vertikalfräsmaschine

Bei der Bearbeitung an einer mittelgroßen Vertikalfräsmaschine traten bei bestimmten Konfigurationen von Fräser und Werkstück schon bei geringen Spantiefen Ratterscheinungen auf, wodurch eine weitere Bearbeitung unmöglich wurde. Mit Hilfe des entwickelten Aktiven Dämpfers kann nun versucht werden, die Ratterneigung der Maschine zu verringern. Durch den Einsatz des Dämpfers soll zunächst untersucht werden, wie das Nachgiebigkeitsverhalten der Maschine beeinflußt werden kann (Abb. 21). An der Vertikalfräsmaschine, die bei einer Frequenz von $f = 62$ Hz eine ausgeprägte Eigenschwingung in der Y-Richtung der Maschine aufweist, wurde der Dämpfer an einem Tischende angebracht. Die Wirkungsrichtung des Dämpfers fällt dabei mit der Hauptschwingungsrichtung der Maschine zusammen.

In der Resonanz- und Ortskurve ist dieses dynamische Verhalten der Maschine dargestellt, wobei die Eigenschwingung von $f = 62$ Hz eine starke Resonanzüberhöhung zur Folge hat.

Durch den Einsatz des Aktiven Dämpfers konnte diese Überhöhung stark reduziert werden.

Die Betrachtung der dynamischen Verbesserung der Maschine im Frequenzbereich von $f = 10 - 90$ Hz zeigt deutlich die Wirkung des Dämpfers in einem großen Frequenzbereich. Durch seine selbstoptimierende Wirkung aufgrund der Phasen-Regelung wird die Dämpfung im gesamten Frequenzbereich beachtlich gesteigert. Der Aktive Dämpfer arbeitet also unabhängig von einer bestimmten Frequenz. Dadurch erweitert sich seine Anwendung insbesondere auf Bearbeitungsfälle, bei denen sich z.B. durch Verfahren von Maschinenbauelementen Eigenfrequenzänderungen ergeben.

Bei den Ratterversuchen wurde zur Bearbeitung eines Werkstückes (CK 45) ein Schruppmesserkopf mit einem Durchmesser von $d = 250$ mm eingesetzt. Der Eingriffsbogen beim Gleichlauffräsen lag dabei zwischen $\varphi_E - 270°$ und $\varphi_A - 360°$, wie der Abb. 22 zu entnehmen ist. Für diese Konfiguration von Fräser und Werkstück zeigte sich ähnlich wie bei früheren Untersuchungen eine sehr geringe Grenzspantiefe für bestimmte Drehzahlen. Es handelt sich dabei um die ungünstige Bearbeitungsposition der Maschine.

Der Einfluß des Aktiven Dämpfers auf die Stabilität des Zerspanungsprozesses ist ebenfalls in Abb. 22 wiedergegeben. Liegt die minimale Grenzspantiefe im ungedämpften Zustand bei w ≈ 1,3 mm, so konnte durch den Einsatz des Aktiven Dämpfers die gesamte Grenzspantiefe etwa um den Faktor 5 auf w ≈ 6 mm über dem gesamten Drehzahlbereich angehoben werden. Die Verbesserung für diesen Bearbeitungsfall bedeutet gleichzeitig eine entsprechend höhere Leistungsausnutzung der Maschine.

8.2 Einständer-Karussell-Drehmaschinen

Als weitere Anwendungsmöglichkeit des Aktiven Dämpfers sei der Einsatz an zwei unterschiedlichen Einständer-Karussell-Drehmaschinen gezeigt. Diese Maschinen neigen im allgemeinen beim Arbeiten mit lang ausgefahrenen Werkzeugstößeln zum Rattern. Erfahrungsgemäß wird dabei der Stößel zu Schwingungen mit seiner Eigenfrequenz angeregt. Bei dem vorliegenden Beispiel einer Einständer-Karussell-Drehmaschine soll eine kurze Maschinenuntersuchung vorgenommen werden, um die Wirkung des Dämpfers auf das dynamische Verhalten der Maschine in einem weiten Frequenzbereich zu zeigen.

Die Untersuchungen ergaben, daß besonders in der y-Richtung der Maschine eine hohe dynamische Nachgiebigkeit bei einer Frequenz von f = 45 Hz vorlag, wie Abb. 23 zeigt. Die Wirkung des Aktiven Dämpfers, der in y-Richtung an das Ende des Stößels gekoppelt war, äußerte sich in einer starken Reduzierung der Resonanzüberhöhung bzw. des maximalen negativen Realteils der Ortskurve, wie aus Abb. 23 zu entnehmen ist. Auch zeigt sich bei diesem Beispiel die Selbstoptimierung über einen weiten Frequenzbereich der Maschine.

Bei Ratterversuchen wurden zur Ermittlung der Grenzspanbreite während der Längsbearbeitung bei konstantem Vorschub und konstanter Schnittgeschwindigkeit die Spanbreite mit und ohne Aktiven Dämpfer sukzessiv soweit erhöht, bis die ersten Ratterschwingungen des Stößels mit Hilfe eines Aufnehmers einwandfrei festgestellt werden konnten. Die gemessene Ratterfrequenz von f = 42 Hz kann der Biegeeigenschwingung des Stößels in der y-Richtung zugeordnet werden.

In Abb. 23 sind ebenfalls die Versuche bei der Schruppbearbeitung eines Werkstückes (CK 60) gegenübergestellt. Wie der Darstellung zu entnehmen ist, konnte eine relative Steigerung der maximalen Grenzspanbreite durch den Einsatz des Aktiven Dämpfers auf etwa 420 % erzielt werden. Weiter konnte festgestellt werden, daß bei einem geringen Vorschub eine niedrigere Grenzspanbreite im Vergleich zu einem hohen Vorschub erzielt wird. Auch bei den dynamischen Untersuchungen wurde festgestellt, daß bei Erregung mit abnehmender Vorspannung bzw. Wechselkraft die Resonanzüberhöhung steigt.

Diese Erscheinungen lassen sich durch das nichtlineare Verhalten der schwingenden Bauteile hinsichtlich der Federsteifigkeit und Dämpfung erklären.

Ein Vergleich der aufgenommenen Leistungen zeigt, daß ohne Aktiven

Dämpfer nur 22 % der Maschinenleistung genutzt werden konnte. Mit dem Dämpfer erhöhte sich der Wert auf etwa 80 % der gesamten installierten Leistung.

Am Beispiel einer weiteren Einständer-Karussell-Drehmaschine älteren Baujahrs soll der Einsatz des Aktiven Dämpfers und die Verbesserung des Ratterverhaltens gezeigt werden. Der Stößel besaß auch bei diesem Maschinentyp einen Rechteckquerschnitt, jedoch war die Werkzeugaufnahme grundsätzlich anders gestaltet. Der Aufbau der Maschine läßt wegen des relativ langen Stößels darauf schließen, daß dieser im ausgefahrenen Zustand zum Rattern neigt, wobei die Hauptschwingungsrichtung mit der y-Koordinate der Maschine zusammenfällt. Verschiedene Zerspanversuche bestätigten diese Annahme. Das Resultat der dynamischen Untersuchung, die auch hier zur Verdeutlichung der selbstoptimierenden Wirkung des Dämpfers durchgeführt wurde, ist in Abb. 24 aus dem Diagramm und der Ortskurve zu ersehen. Die Resonanzüberhöhung in der y-Richtung der Maschine ist der Biegeeigenschwingung des Stößels zuzuordnen. Aus der Wirkung des Aktiven Dämpfers auf die dynamische Nachgiebigkeit des Stößels wird deutlich, daß durch die zusätzliche Phasen-Regelung beim Durchfahren des Frequenzbereiches von f = 30 - 90 Hz die Schwingamplituden stark reduziert werden. Der maximale negative Realteil der gerichteten Ortskurve verringert sich ebenfalls beträchtlich.

Bei der Ratteruntersuchung der Maschine mit maximal ausgefahrenem Werkzeugstößel lag bei der Phasenbearbeitung eines Werkstückes (Werkstoff Ck 45 N) die mit Hilfe eines Aufnehmers ermittelte Grenzspanbreite bei 5 mm. Beim Einsatz des Aktiven Dämpfers konnte dieser Wert, wie in Abb. 25 wiedergegeben ist, auf 14 mm erhöht werden. Das bedeutet nahezu eine Verdreifachung der Grenzspanbreite.

Eine Möglichkeit der Anbringung der Dämpfereinheit am Werkzeugstößel einer Einständer-Karussell-Drehmaschine wird aus Abb. 26 ersichtlich. Dabei wird die Grundplatte des Absoluterregers in der dem Drehmeißel gegenüberliegenden Meißelaufnahme befestigt, so daß der Dämpfer weder bei Längs- noch bei Plandreharbeiten die Bearbeitungsoperationen behindern kann. Der Geschwindigkeitsaufnehmer ist, wie aus der Darstellung zu ersehen ist, in der y-Richtung der Maschine starr mit der Erregergrundplatte verbunden. Ist bei der Zerspanung eine Fließspanbildung nicht zu vermeiden, so ist zum Schutz des Dämpfersystems eine entsprechende Abdeckung vorzusehen.

9. Zusammenfassung

Der praktische Einsatz des entwickelten Aktiven Dämpfers wurde an einer Vielzahl von Maschinenbauteilen mit einer Schwingungsrichtung erprobt. Dabei konnte bei diesen Anwendungsfällen die angestrebte Selbstoptimierung des Dämpfersystems über einen weiten Frequenzbereich gezeigt werden, so daß eine erhebliche Steigerung der Dämpfung erzielt wurde. Bei Rattertests erhöhte sich im Vergleich zum Ausgangszustand der Maschine die Zerspanleistung beträchtlich - in einem Fall bis zu 420 % - durch den Einsatz des Aktiven Dämpfers.

Mit dieser Ausführung wird erstmals ein aktives Dämpfersystem vorgestellt, daß sich aufgrund seiner Auslegung und selbstoptimierenden Wirkung besonders zum Einsatz an Maschinenbauteilen eignet, bei denen sich die Eigenfrequenz über dem Verfahrweg ändert.

Der Einsatz des Aktiven Dämpfers bei Systemen mit eng benachbarten Eigenfrequenzen sowie mit verschiedenen Schwingungsrichtungen bereitet zur Zeit nahezu unüberwindliche Schwierigkeiten. Der Zukunft bleibt es vorbehalten, diese Probleme in geeigneter Form zu lösen.

10. Verwendete Kurzzeichen

B	Durchflußkoeffizient
C	Kapazität
D...	Dämpfung, Dämpfungskonstante
F...	Frequenzgang
H	Fläche
K...	Kraft
L	Induktivität
$P_{1/2}$	Potentiometer
p...	Druck
R	Ohm'scher Widerstand
T	Periodendauer
T...	Zeitkonstanten
V	Volumen
V...	Verstärkungsfaktoren
X; Y; Z	Koordinatenrichtungen
Im	Imaginärteil
Re	Realteil
a	Konstante
b	Beschleunigung
c...	Steifigkeit
$\frac{1}{c}$	Nachgiebigkeit
d	Durchmesser
f...	Frequenz
i	Strom
k	Dämpfungskoeffizient
l...	Länge
m	Masse
n	Drehzahl
p	Laplace Transformator

p_o	Versorgungsdruck
p_R	Druck des Rückflusses
q_o	Durchfluß
s_e	Einschaltschwelle
s_a	Ausschaltschwelle
s_z	Vorschub pro Zahn
s_u	Vorschub pro Umdrehung
t	Zeit
t_φ	Impulsdauer
$u...$	Spannung
u_φ	der Phasenschiebung $\varphi = 180°$ proportionale Spannung
w	Spantiefe
x_e	Eingangsgröße
x_a	Ausgangsgröße
$x...$	Verlagerung
$z = x_m - x$	Verlagerung
z	Zähnezahl
α	Verdrehwinkel
β	Kompressibilitätsfaktor der Hydraulikflüssigkeit
α_H	Freiwinkel
γ_H	Spanwinkel
κ	Einstellwinkel
λ	Neigungswinkel
φ	Phasenwinkel
φ_E	Eintrittswinkel
φ_A	Austrittswinkel
ω	Kreisfrequenz
ω_o	Kreiseigenfrequenz

Indizes

1,2,3	laufende Parameter
A	Aufnehmer
a	Ausgang
dyn	dynamisch
E	Erreger

e	Eingang
el	elektrisch
G	Gesamtsystem
ges	gesamt
komp	kompensiert
kor	korrigiert
M	Erregermasse
m	Masse
max	maximal
mech	mechanisch
N_a	Netzwerkausgang
N_e	Netzwerkeingang
R	Rückkopplung
S	Stör...
S	Gesamtsystem
soll	maximal anzustreben
stat	statisch
$V_{1,2,3}$	Ventil
vorh	vorhanden
zu	zulässig

11. Literaturverzeichnis:

1. Abu-Akeel A.K., The Electrodynamic Vibration Absorber as a Passive or Aktive Device, Journal of Engineering for Industry Nov. 1967.
2. Ameling, W., Aufbau und Wirkungsweise elektronischer Analogrechner, Vieweg & Sohn, Braunschweig 1963.
3. Autorenkollektiv, Konstruktive Gestaltung und Automatisierung der Werkzeugmaschine, Bericht über das 13. AWK 1968, Industrie-Anzeiger 67 (1968).
4. v. Basel C., Elektronische Frequenzgangberichtigung mechanischer Schwingungsaufnehmer, Schweizer Archiv für angewandte Wissenschaft und Technik Nr. 4, Soluthurn: Vogt-Schild 1962.
5. Beckenbauer, K., Entwicklung und Einsatz eines Aktiven Dämpfers zur Verbesserung des dynamischen Verhaltens von Werkzeugmaschinen, Diss. TH Aachen, 1970.
6. Bernardi, F., Untersuchung und Berechnung des Ratterverhaltens von Dreh- und Fräsmaschinen, Dissertation TH Aachen, 1969.
7. Bonesho J.A. und I.G. Bollinger, Dual Variable Self-Optimizing Vibration Damper Theory, 9. MTDR Conference 1968.
8. Boyle A. und A. Cowley, Â Theoretical Investigation into the Characteristics of a Feedback Controlled Damping Unit, 9. MTDR Conference 1968.
9. Comstock T.R., Tse F.S. und J.R. Lemon, Dynamic Control of Vibration and Chatter in Machine Tool, Machinary March 1968.
10. Cowley A. und A. Boyle, Active Dampers for Machine Tool, Anuals of the C.I.R.P. 1969 Ms. 103.
11. Danek O., Polacek M., Spacek W. und I. Tlusty, Selbsterregte Schwingungen im Werkzeugmaschinenbau, VEB-Verlag 1962.
12. De Ro M., The Magnetic Exciter as Applied to Active Damping of Machine Tools, 9. MTDR Conference 1968.
13. Doi S. und S. Kato, Chatter Vibrations of Tools, Transaction of ASME, 78 (1956) S. 1127.
14. Eisele F. und I. Kerner, Untersuchung von Maßnahmen zur Beeinflussung der Steifigkeit von Werkzeugmaschinen, 5. FoKomo München 1961.
15. Hahn R.S., Design of Lanchester Damper for Elimination of Metal Cutting Chatter, Transaction A.S.M.E. 73, 1951.
16. Grover, G.K. und R.I. Harker, A Study of the Overhung Damped Dynamic Vibration Absorber with turning Optimization, 9. MTDR Converence 1968.
17. Den Hartog J.P., Mechanische Schwingungen, Springer Verlag, Berlin.
18. Kunkel H., Untersuchungen über das statische und dynamische Verhalten verschiedener Spindel-Lager-Systeme in Werkzeugmaschinen, Dissertation TH Aachen, 1966.
19. Lanzerath G., Untersuchungen über das Geräusch- und Schwingungsverhalten schnelllaufender Stirnradgetriebe. Dissertation TH Aachen, 1970.
20. Lück J., Einflußgrößen auf das Zeitverhalten elektrodynamischer Vorschubantriebe.
21. Nelting H. und G. Thiele, Elektronisches Messen nichtelektrischer Größen, Philips Technische Bibliothek 1966.
22. Opitz H., Umbach, R. und W. Dreyer, Dynamische Versteifung von Werkzeugmaschinen durch gedämpfte Hilfsmassensysteme, Forschungsbericht des Landes Nordrhein-Westfalen Nr. 1357, Westdeutscher Verlag Köln und Opladen, 1964.
23. Opitz H., Moderne Produktionstechnik Stand und Tendenzen, Verlag W. Girardet, Essen, 1970.
24. Opitz H. u.a., Berechnung von Maschinenelementen und Gestellbauteilen mit Digitalrechnern, Bericht über die VDW-Konstrukteur-Arbeitstagung in Aachen vom 24.-25.1.1969.
25. Opitz H., Meyringer V., Heinen R. und K.H. Pahl, Automatisierung der Werkzeugmaschine für die spanabhebende Bearbeitung, Forschungsbericht des Landes Nord-

rhein-Westfalen Nr. 1988, Westdeutscher Verlag, Köln und Opladen, 1969.
26 Oppelt W., Kleines Handbuch Technischer Regelvorgänge, Verlag Chemie, Weinheim/Bergstr.
27 Péters J., Damping in Machine Tool Construction, 6. MTDR Conference 1965.
28 Rehling E., Entwicklung und Anwendung elektrohydraulischer Wechselkrafterreger zur Untersuchung von Werkzeugmaschinen, Dissertation TH Aachen, 1965.
29 Ryzhkov D.J., Vibration Damper for Metal Cutting, The Engineers Digest 14, 1953 Stanki i Instrument 1953 H3, S. 23.
30 Schäfer O., Grundlagen der selbsttätigen Regelung, Franzis Verlag, München.
31 Schmitt A., Das Folgeverhalten elektrohydraulischer Kopiersysteme bei hohen Kopiergeschwindigkeiten, Dissertation TH Aachen, 1966.
32 Slavicek J. und J.G. Bollinger, Design and Application of a Self-Optimizing Damper for Increasing Machine Tool Performance, 10. MTDR Conference 1969.
33 Staffin R., 6 Ways to Measure Phase Angle, Control Engineering, Oct 1965.
34 Tobias S.A., Schwingungen an Werkzeugmaschinen, Carl Hanser Verlag, München, 1961.
35 Umbach R., Ein Beitrag zu den Problemen der dynamischen Versteifung von Werkzeugmaschinen, insbesondere durch gedämpfte Hilfsmassensysteme, Dissertation TH Aachen, 1961.
36 Vanherck P., Dimensioning of Liquid Film Dampers, Nov. 1968 MC 26 CRIF 21 Rue des Drapiers, Bruxelles 5.
37 Vogt F., Amplituden- und Phasenmessung mit dem elektronischen Analogrechner, EAI-Report, April-Mai 1970 Nr. 017 51 Aachen, Bergdriesch 37.
38 Weck M., Analyse linearer Systeme mit Hilfe der Spektraldichtemessung und ihre Anwendung bei dynamischen Werkzeugmaschinenuntersuchungen unter Arbeitsbedingungen, Dissertation TH Aachen, 1969.
39 Wildermuth E., Der Resolver, ein moderner Analogierechenbaustein, Feinwerktechnik 63. Jahrgang, Nr. 9 und Nr. 10/1959.

Abbildungen

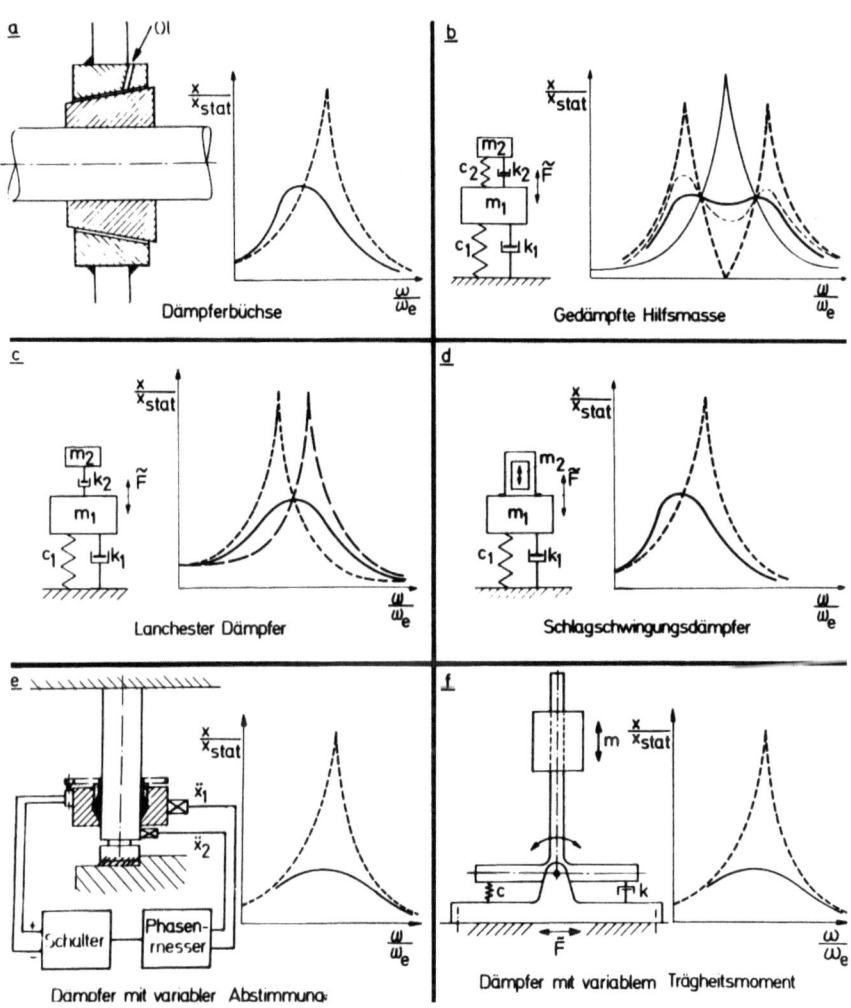

Abb. 1: Passive Dämpfersysteme

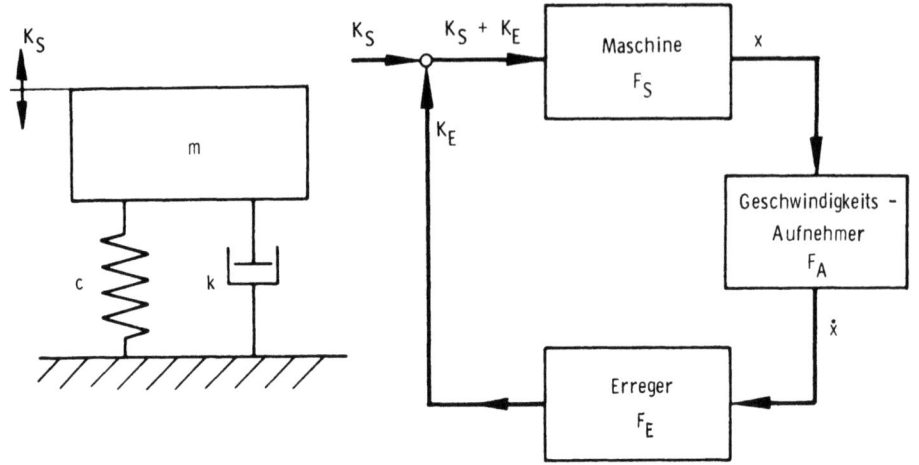

Abb. 2: Vereinfachtes Blockschaltbild eines Systems mit einer Geschwindigkeitsrückführung

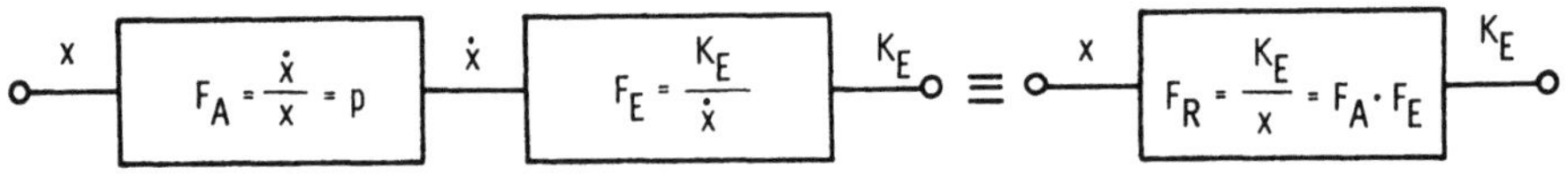

$$x \rightarrow \boxed{F_A = \frac{\dot{x}}{x} = p} \xrightarrow{\dot{x}} \boxed{F_E = \frac{K_E}{\dot{x}}} \xrightarrow{K_E} \equiv x \rightarrow \boxed{F_R = \frac{K_E}{x} = F_A \cdot F_E} \xrightarrow{K_E}$$

Abb. 3: Blockschaltbild der Rückführung

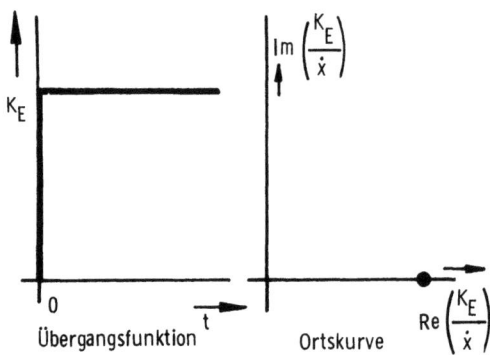

Abb. 4: Rein proportionales Verhalten des Erregers

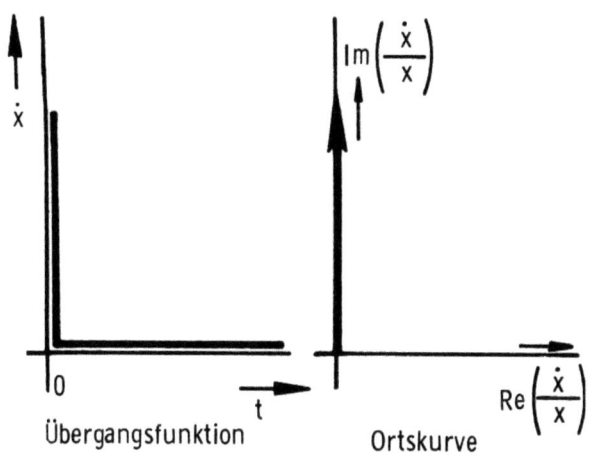

Abb. 5: Ideales Übertragungsverhalten des Geschwindigkeitsaufnehmers bezogen auf die Verlagerung x

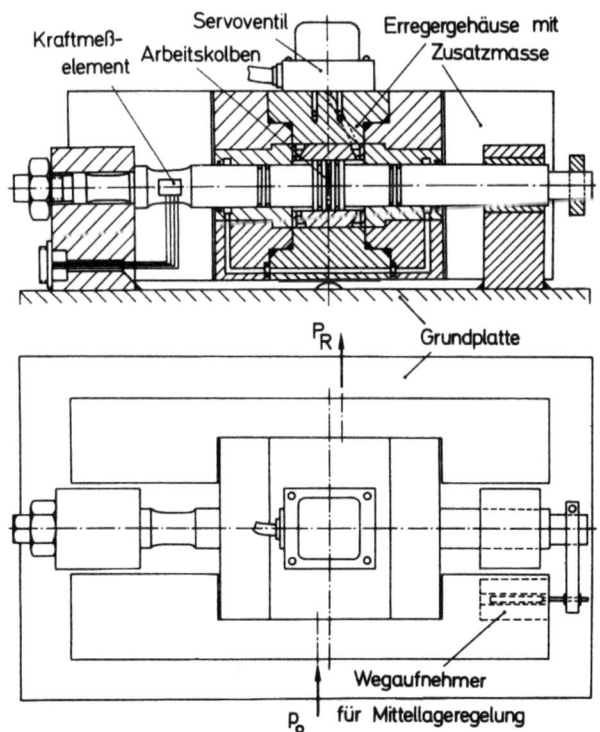

Abb. 6: Seitenansicht und Draufsicht des elektro-hydraulischen Absoluterregers

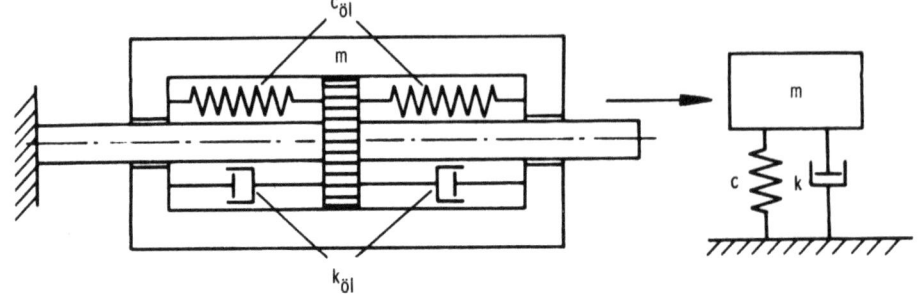

Abb. 7: Ersatzbild des Systems Erregermasse-Ölfeder

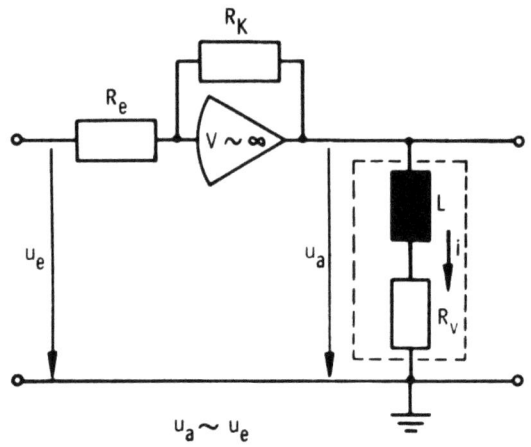

a) spannungspropotionale Ansteuerung

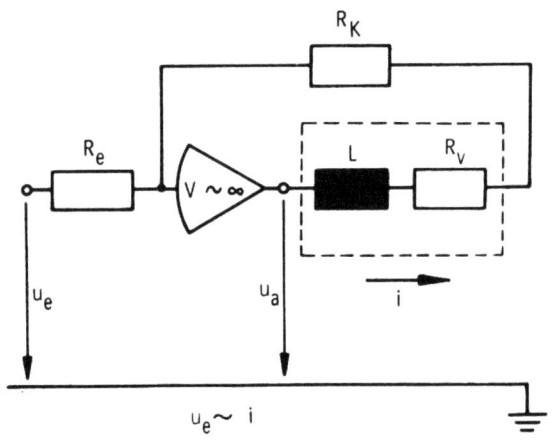

b) stromproportionale Ansteuerung

Abb. 8: Spannungs- und stromproportionale Ansteuerung eines Servoventils

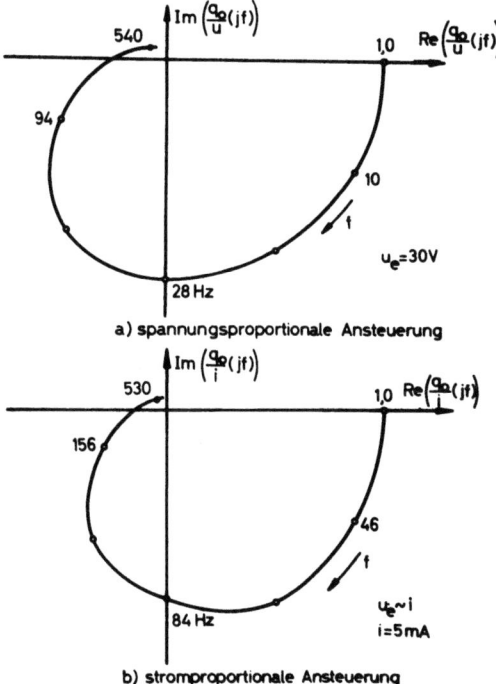

Abb. 9: Ortskurven des Servoventils in Abhängigkeit von der Ansteuerung bei einem Systemdruck von $p_o = 150$ kp/cm^2

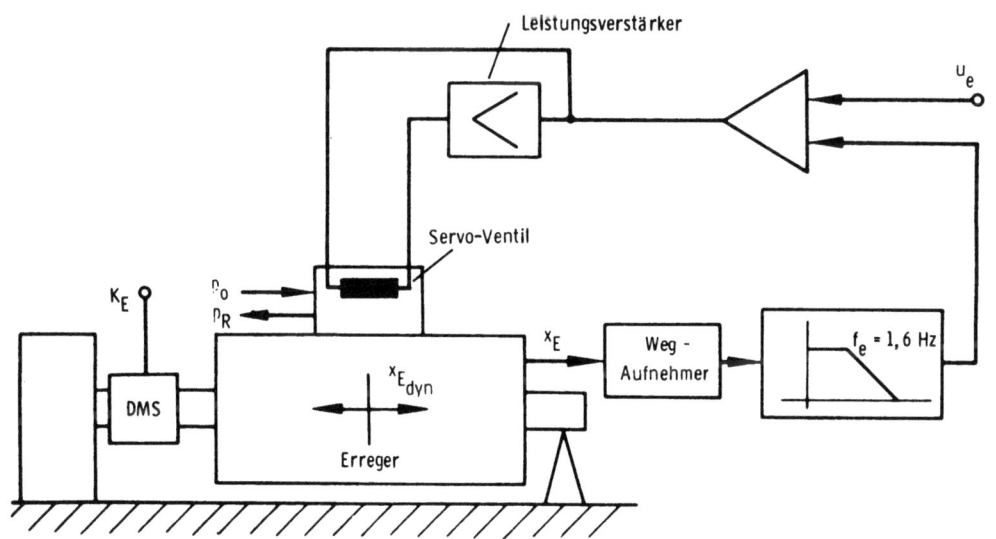

Abb. 10: Lageregelkreis zur Fixierung der Erregermasse in der Kolbenmitte

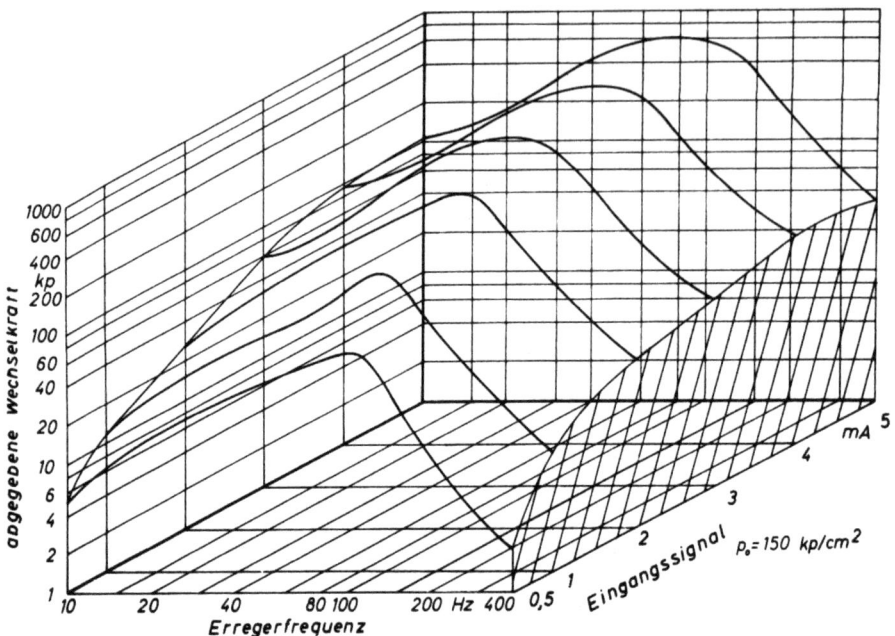

a) Kraftverlauf des Absoluterregers in Abhängigkeit des Stromes i bei konstantem Versorgungsdruck p_o über der Frequenz.

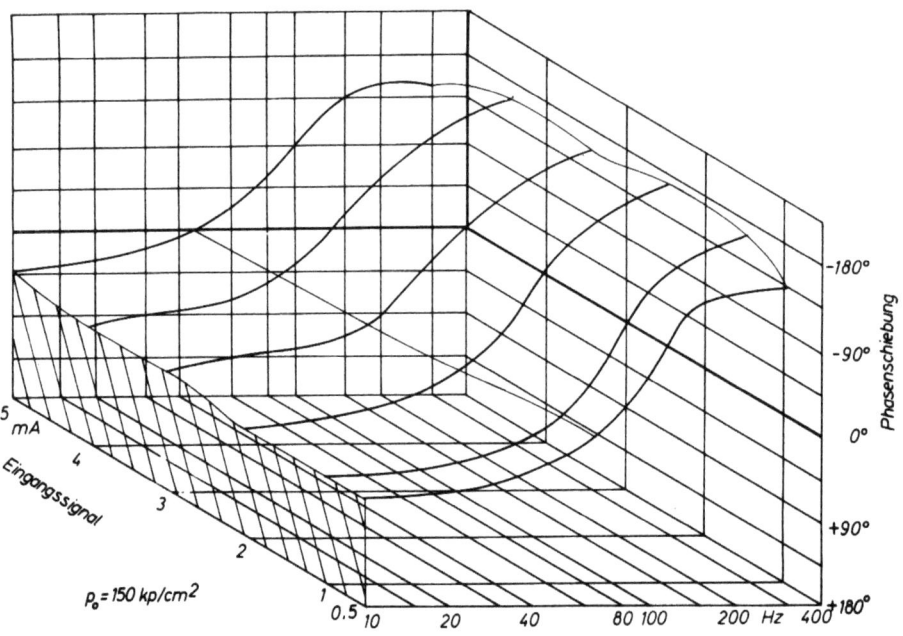

b) Phasenverlauf des Absoluterregers

Abb. 11: Amplituden- und Phasenverlauf des Absoluterregers

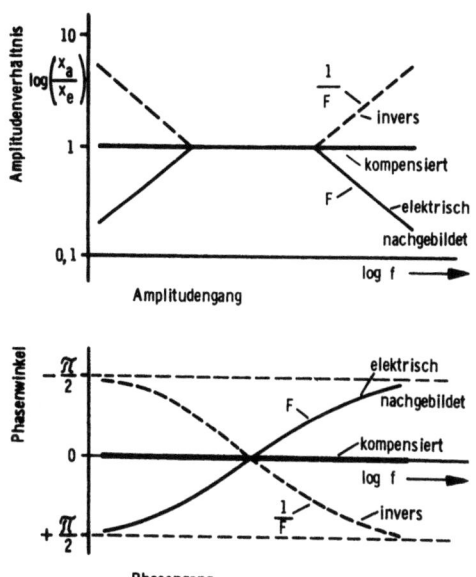

Abb. 12:   Invertierung eines Frequenzganges im Bode-Diagramm

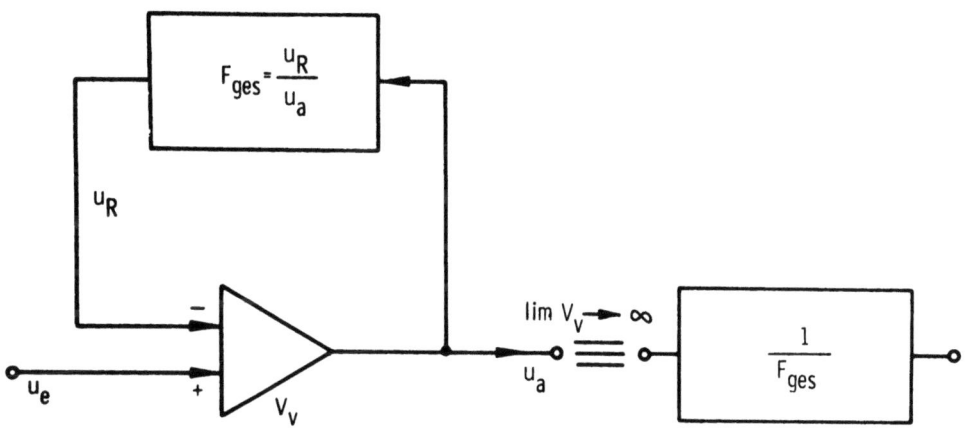

Abb. 13:   Invertierung des Frequenzganges F_{ges} durch die Gegeneinanderschaltung mit einem Verstärker

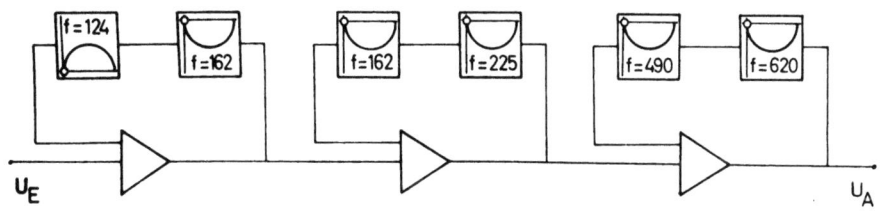

Abb. 14:   Mehrfachinvertierung des Absoluterregerfrequenzganges

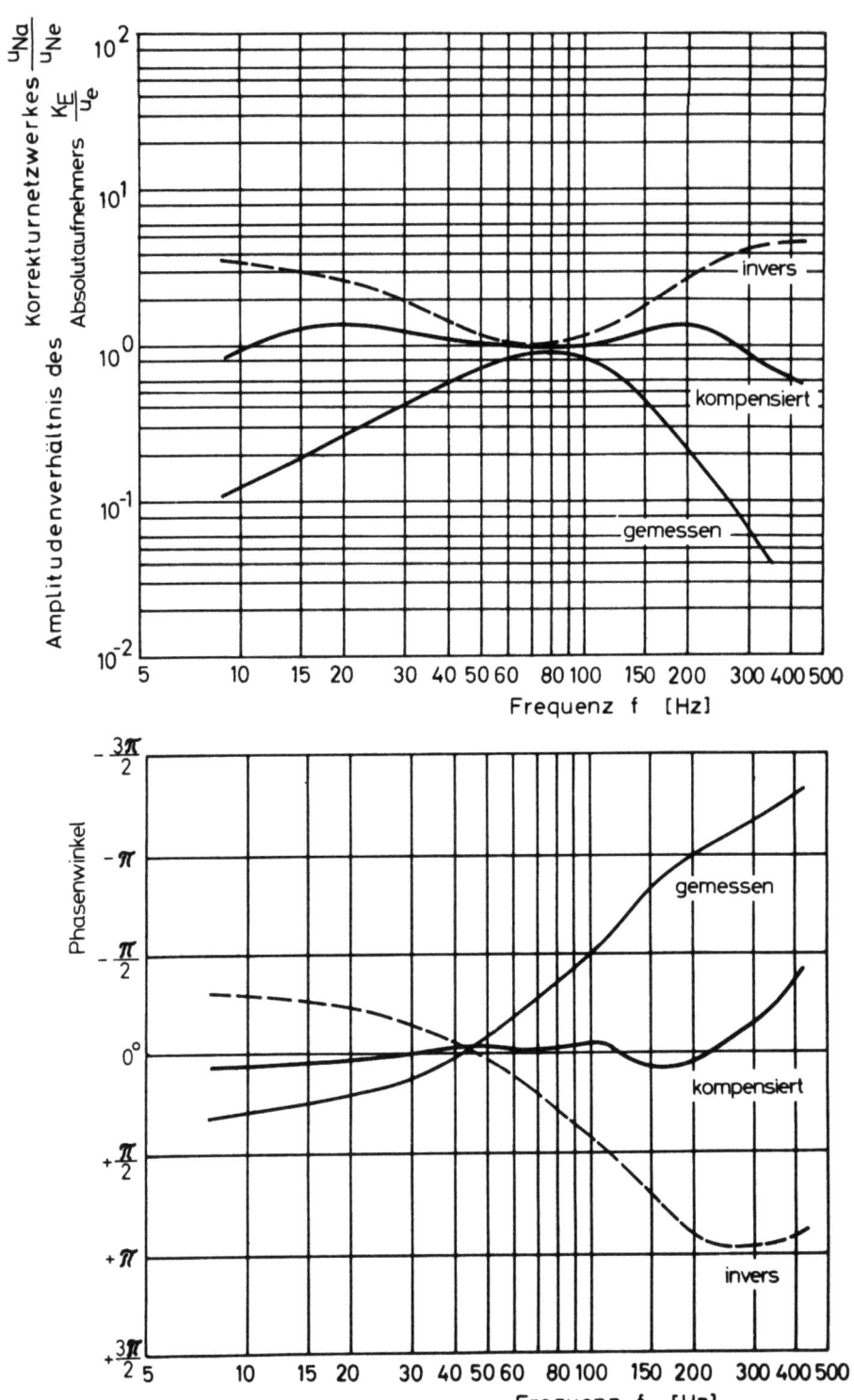

Abb. 15: Frequenzgangkompensation des Absoluterregers mit Hilfe eines elektrischen Netzwerkes

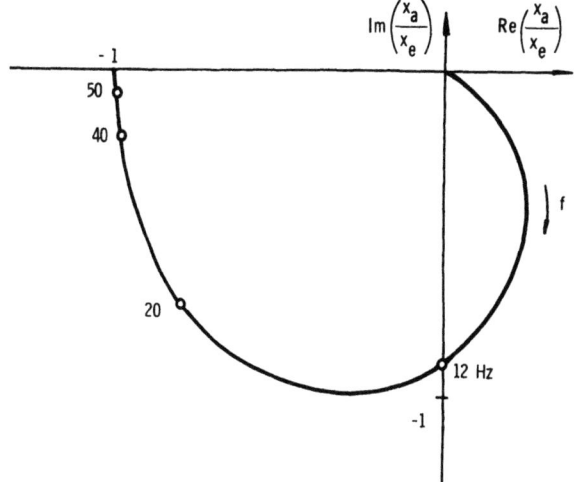

Abb. 16: Ortskurve des mechanischen Teils des Geschwindigkeitsaufnehmers

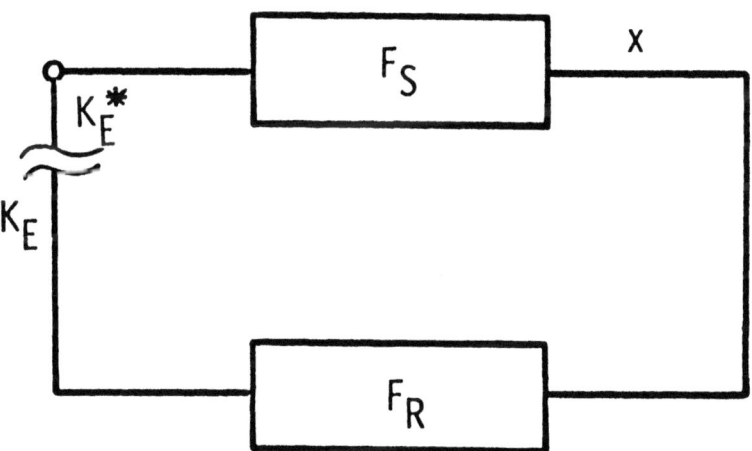

Abb. 17: Vereinfachtes Blockschaltbild des aufgeschnittenen Kreises

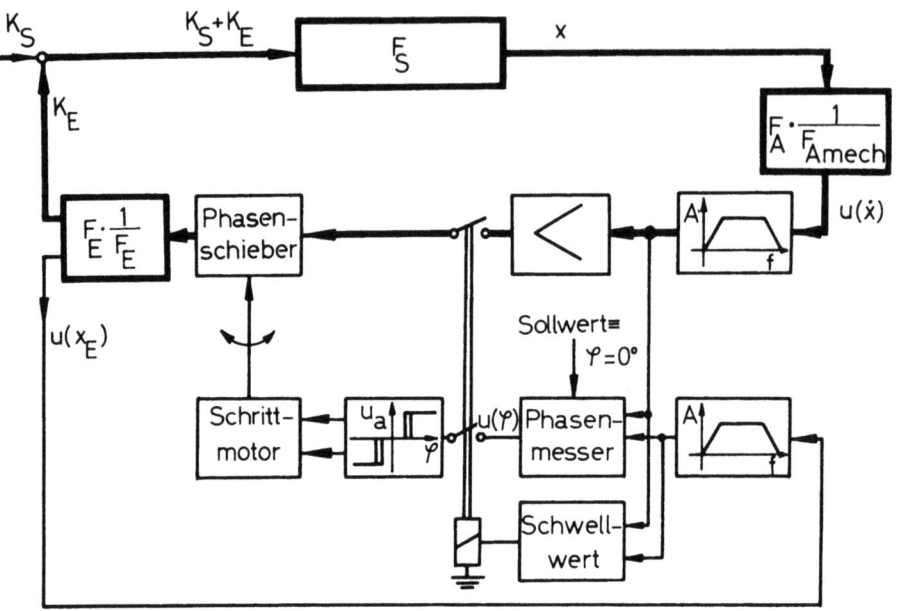

Abb. 18: Blockschaltbild Maschine - Aktiver Dämpfer mit Phasen-Regelung

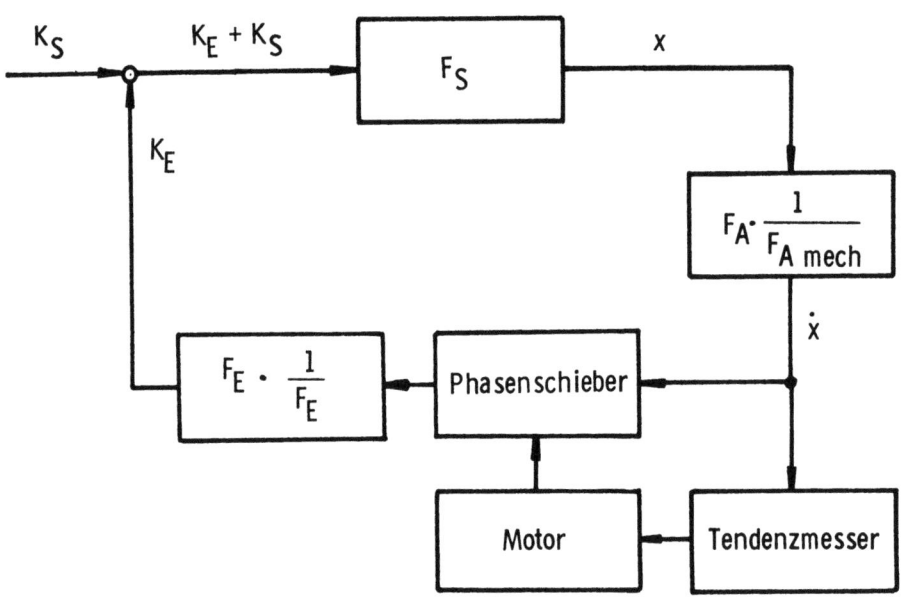

Abb. 19: Blockschaltbild der Amplitudenminimum-Regelung

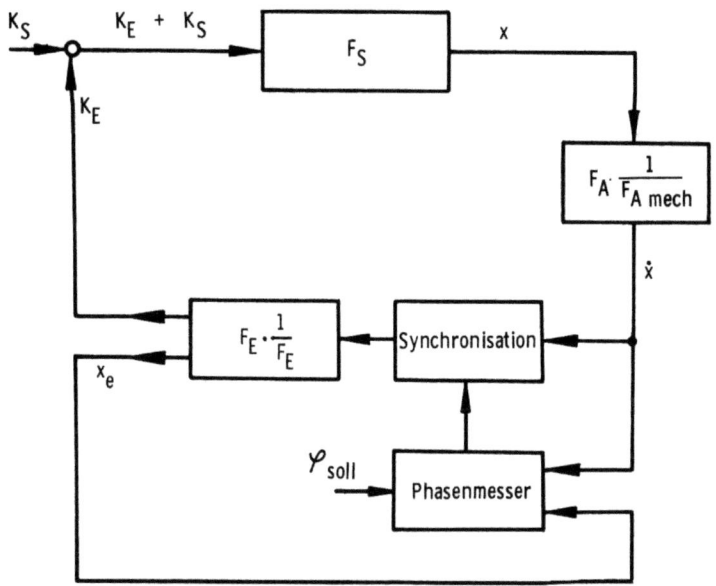

Abb. 20: Blockschaltbild der Selbstoptimierung durch eine Synchronisation bei vorgegebener Phase

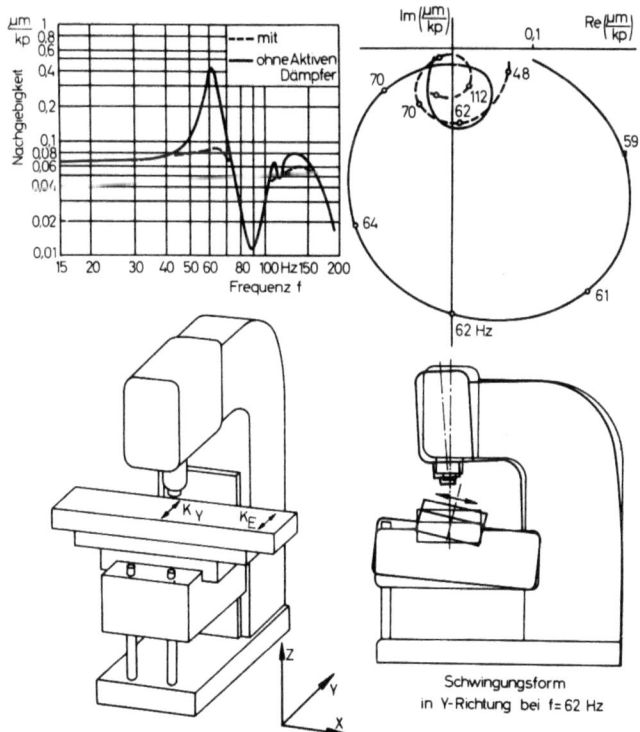

Abb. 21: Verbesserung des dynamischen Verhaltens einer Vertikalfräsmaschine

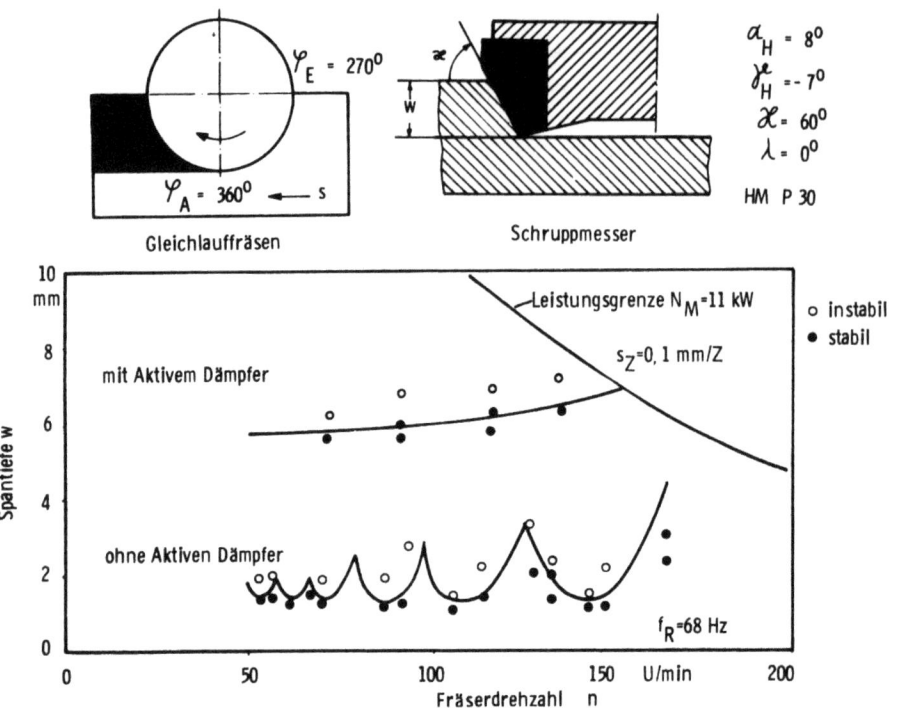

Abb. 22: Stabilitätskarte einer Vertikalfräsmaschine

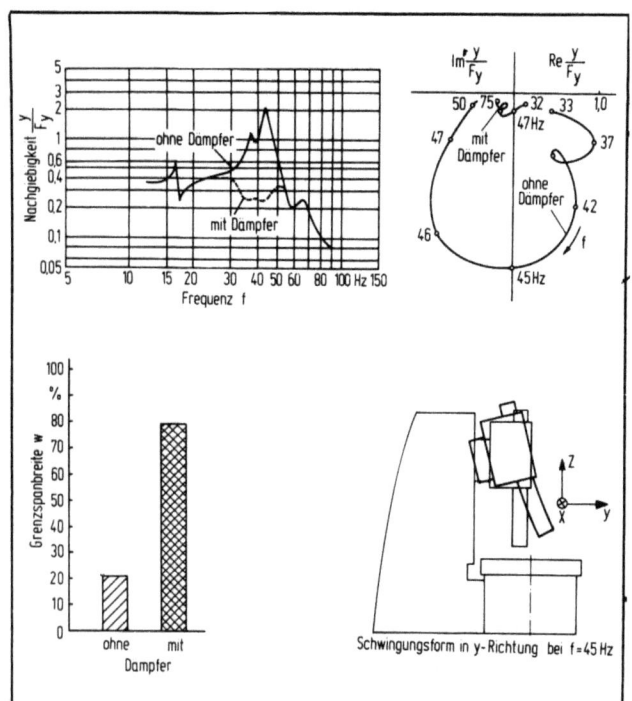

Abb. 23: Verbesserung des dynamischen Verhaltens einer Karussell-Drehmaschine

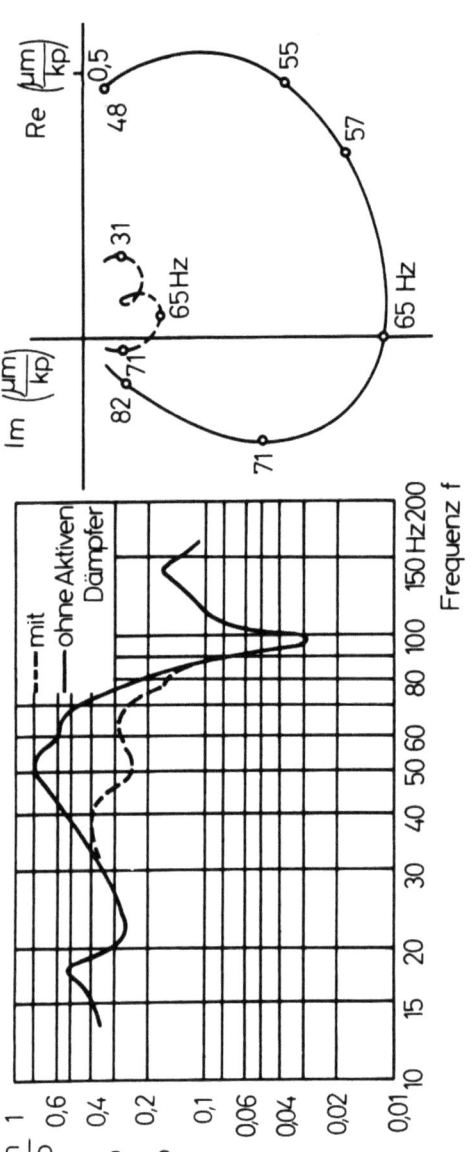

Abb. 24: Verbesserung des dynamischen Verhaltens an einer Karussell-Drehmaschine beim Einsatz des Aktiven Dämpfers

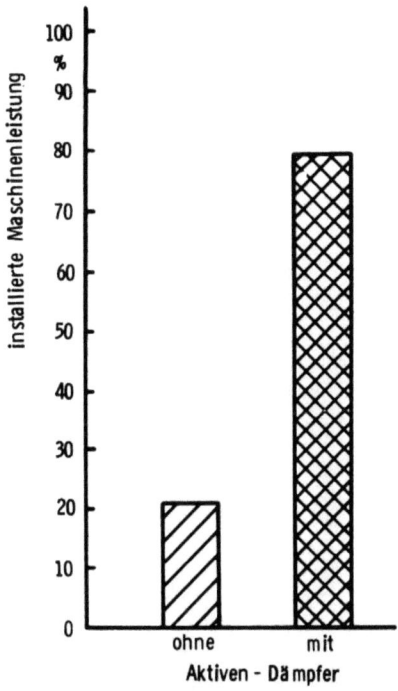

Abb. 25:   Erreichte Grenzspanbreite bei maximal ausgefahrenem Stößel

Abb. 26: Kopplungsmöglichkeit des Aktiven Dämpfers am Stößel einer Einständer-Karussell-Drehmaschine

Forschungsberichte des Landes Nordrhein-Westfalen

Herausgegeben im Auftrage des Ministerpräsidenten Heinz Kühn
vom Minister für Wissenschaft und Forschung Johannes Rau

Sachgruppenverzeichnis

Acetylen · Schweißtechnik
Acetylene · Welding gracitice
Acétylène · Technique du soudage
Acetileno · Técnica de la soldadura
Ацетилен и техника сварки

Arbeitswissenschaft
Labor science
Science du travail
Trabajo científico
Вопросы трудового процесса

Bau · Steine · Erden
Constructure · Construction material ·
Soilresearch
Construction · Matériaux de construction ·
Recherche souterraine
La construcción · Materiales de construcción ·
Reconocimiento del suelo
Строительство и строительные материалы

Bergbau
Mining
Exploitation des mines
Minería
Горное дело

Biologie
Biology
Biologie
Biologia
Биология

Chemie
Chemistry
Chimie
Quimica
Химия

Druck · Farbe · Papier · Photographie
Printing · Color · Paper · Photography
Imprimerie · Couleur · Papier · Photographie
Artes gráficas · Color · Papel · Fotografía
Типография · Краски · Бумага · Фотография

Eisenverarbeitende Industrie
Metal working industry
Industrie du fer
Industria del hierro
Металлообрабатывающая промышленность

Elektrotechnik · Optik
Electrotechnology · Optics
Electrotechnique · Optique
Electrotécnica · Optica
Электротехника и оптика

Energiewirtschaft
Power economy
Energie
Energía
Энергетическое хозяйство

Fahrzeugbau · Gasmotoren
Vehicle construction · Engines
Construction de véhicules · Moteurs
Construcción de vehículos · Motores
Производство транспортных средств

Fertigung
Fabrication
Fabrication
Fabricación
Производство

Funktechnik · Astronomie
Radio engineering · Astronomy
Radiotechnique · Astronomie
Radiotécnica · Astronomía
Радиотехника и астрономия

Gaswirtschaft
Gas economy
Gaz
Gas
Газовое хозяйство

Holzbearbeitung
Wood working
Travail du bois
Trabajo de la madera
Деревообработка

Hüttenwesen · Werkstoffkunde
Metallurgy · Materials research
Métallurgie · Matériaux
Metalurgia · Materiales
Металлургия и материаловедение

Kunststoffe
Plastics
Plastiques
Plásticos
Пластмассы

Luftfahrt · Flugwissenschaft
Aeronautics · Aviation
Aéronautique · Aviation
Aeronáutica · Aviación
Авиация

Luftreinhaltung
Air-cleaning
Purification de l'air
Purificación del aire
Очищение воздуха

Maschinenbau
Machinery
Construction mécanique
Construcción de máquinas
Машиностроительство

Mathematik
Mathematics
Mathématiques
Matemáticas
Математика

Medizin · Pharmakologie
Medicine · Pharmacology
Médecine · Pharmacologie
Medicina · Farmacología
Медицина и фармакология

NE-Metalle
Non-ferrous metal
Metal non ferreux
Metal no ferroso
Цветные металлы

Physik
Physics
Physique
Física
Физика

Rationalisierung
Rationalizing
Rationalisation
Racionalización
Рационализация

Schall · Ultraschall
Sound · Ultrasonics
Son · Ultra-son
Sonido · Ultrasónico
Звук и ультразвук

Schiffahrt
Navigation
Navigation
Navegación
Судоходство

Textilforschung
Textile research
Textiles
Textil
Вопросы текстильной промышленности

Turbinen
Turbines
Turbines
Turbinas
Турбины

Verkehr
Traffic
Trafic
Tráfico
Транспорт

Wirtschaftswissenschaften
Political economy
Economic politique
Ciencias económicas
Экономические науки

Einzelverzeichnis der Sachgruppen bitte anfordern

Westdeutscher Verlag   Opladen

567 Opladen/Rhld., Ophovener Straße 1-3, Postfach 1620

MIX
Papier aus verantwortungsvollen Quellen
Paper from responsible sources
FSC® C105338

If you have any concerns about our products,
you can contact us on
ProductSafety@springernature.com

In case Publisher is established outside the EU,
the EU authorized representative is:
**Springer Nature Customer Service Center GmbH
Europaplatz 3, 69115 Heidelberg, Germany**

Printed by Libri Plureos GmbH
in Hamburg, Germany